"十四五"国家重点出版物专项规划

青少年人工智能科普丛书 | 总主编 邱玉辉

计算机视觉

编著 任 薇
参编 邓 颖 汪 茧
仇业鹏 陈玥孜

西南大學出版社
SWUPG 国家一级出版社 全国百佳图书出版单位

图书在版编目(CIP)数据
计算机视觉 / 任薇编著. -- 重庆 : 西南大学出版社, 2025. 4. -- ISBN 978-7-5697-3017-3
Ⅰ. TP302.7-49
中国国家版本馆CIP数据核字第20259E7J31号

计算机视觉

JISUANJI SHIJUE

任薇◎编著

图书策划:张浩宇
责任编辑:张浩宇
责任校对:蒋云琪
装帧设计:闰江文化
排　　版:张　祥
出版发行:西南大学出版社(原西南师范大学出版社)
地址:重庆市北碚区天生路2号
邮编:400715
经　　销:全国新华书店
印　　刷:重庆恒昌印务有限公司
成品尺寸:140mm×203mm
印　　张:8.625
字　　数:230千字
版　　次:2025年4月 第1版
印　　次:2025年10月 第2次印刷
书　　号:ISBN 978-7-5697-3017-3
定　　价:38.00元

总主编简介

邱玉辉，教授（二级），西南大学博士生导师，中国人工智能学会首批会士，重庆市计算机科学与技术首批学术带头人，第四届教育部科学技术委员会信息学部委员，中共党员。1992年起享受政府特殊津贴。

曾担任中国人工智能学会副理事长、中国数理逻辑学会副理事长、中国计算机学会理事、重庆计算机学会理事长、重庆市人工智能学会理事长、重庆计算机安全学会理事长、重庆市软件行业协会理事长、《计算机研究与发展》编委、《计算机科学》编委、《计算机应用》编委、《智能系统学报》编委、科学出版社《科学技术著作丛书·智能》编委、《电脑报》总编、美国IEEE高级会员、美国ACM会员、中国计算机学会高级会员。长期从事非单调推理、近似推理、神经网络、机器学习和分布式人工智能、物联网、云计算、大数据的教学和研究工作。已指导毕业博士后2人、博士生33人、硕士生25人。发表论文420余篇（在国际学术会议和杂志发表人工智能方面的学术论文300余篇，全国性的学术会议和重要核心刊物发表人工智能方面的学术论文100余篇）。出版学术著作《自动推理导论》（电子科技大学出版社，1992年）、《专家系统中的不确定推理——模型、方法和理论》（科学技术文献出版社，1995年）、《人工智能探索》（西南师范大学出版社，1999年）和主编《数据科学与人工智能研究》（西南师范大学出版社，2018年）、《量子人工智能引论》（西南师范大学出版社，2021年）、《计算机基础教程》（西南师范大学出版社，1999年）等图书20余种。主持、主研完成国家“973”项目、“863”项目、自然科学基金、省（市）基金和攻关项目16项。获省（部）级自然科学奖、科技进步奖四项，获省（部）级优秀教学成果奖四项。

总序

人工智能(Artificial Intelligence，缩写为 AI)是计算机科学的一个分支，是建立智能机，特别是智能计算机程序的科学与工程，它与用计算机理解人类智能的任务相关联。AI 已成为产业的基本组成部分，并已成为人类经济增长、社会进步的新的技术引擎。人工智能是一种新的具有深远影响的数字尖端科学，人工智能的快速发展，将深刻改变人类的生活与工作方式。世界各国都意识到，人工智能是开启未来智能世界的钥匙，是未来科技发展的战略制高点。

今天，人工智能被广泛认为是计算机化系统，它以通常认为需要智能的方式工作和反应，比如学习、在不确定和不同条件下解决问题和完成任务。人工智能有一系列的方法和技术，包括机器学习、自然语言处理和机器人技术等。

2016 年以来，各国纷纷制订发展计划，投入重金抢占新一轮科技变革的制高点。美国、中国、俄罗斯、英国、日本、德国、韩国等国家近几年纷纷出台多项战略计划，积极推动人工智能发展。企业将人工智能作为未来的发展方向积极布局，围绕人工智能的创新创业也在不断涌现。

牛津大学的未来人类研究所曾发表一项人工智能调查报告——《人工智能什么时候会超过人类的表现》，该调查报告包含了352名机器学习研究人员对人工智能未来若干年演化的估计。该调查报告的受访者表示，到2026年，机器将能够写学术论文；到2027年，自动驾驶卡车将无需驾驶员；到2031年，人工智能在零售领域的表现将超过人类；到2049年，人工智能可能造就下一个斯蒂芬·金；到2053年，将造就下一个查理·托（注：一位知名的外科医生）；到2137年，所有人类的工作都将实现自动化。

今天，智能的概念和智能产品已随处可见，人工智能的相关知识已成为人们必备的知识。为了普及和推广人工智能，西南大学出版社组织该领域的专家编写了《青少年人工智能科普丛书》。该套丛书的各个分册力求内容科学，深入浅出，通俗易懂，图文并茂。

人工智能正处于快速发展中，相关的新理论、新技术、新方法、新平台、新应用不断涌现，本丛书不可能都关注到，不妥之处在所难免，敬请读者批评和指正。

邱玉辉

前言

亲爱的小读者们，当你翻开这本书，就如同打开了一扇通往神奇世界的大门，这个世界叫做“计算机视觉”。它就像是给计算机装上了超级眼睛和智慧大脑，让计算机也能看懂我们周围丰富多彩的世界！

想象一下，你走在热闹的街道上，眼睛能瞬间识别出川流不息的车辆、形形色色的行人、各种各样的店铺招牌。计算机视觉，就是要让计算机拥有类似的“眼力”。它可以让自动驾驶汽车精准识别道路上的标志、其他车辆和行人，安全地行驶；能帮助医生从医学影像中发现隐藏的病症，及时拯救生命；还能在你喜欢的游戏里，创造出逼真的虚拟场景，让你仿佛身临其境。是不是特别酷？

当然，计算机视觉可不是一下子就出现的，它背后有着许多科学家们多年的努力。早在很多年前，科学家们就开始思考，能不能让计算机像人一样“看”懂图像和视频呢？于是，他们不断研究、尝试，从简单的图像识别开始，一步步攻克难题。就像搭积木一样，一块一块地积累知识，才有了现在这么厉害的计算机视觉技术。

这本书就是为了给你们介绍这个超有趣的计算机视觉世界。我们不会讲特别复杂的知识，而是用简单好玩的方式，带你们了解计算机视觉是怎么回事。比如，你知道计算机是怎么认出图片里的小狗的吗？它会把小狗的样子拆分成很多小部分，像耳朵的形状、尾巴的摆动，然后和它“大脑”里存的小狗样子对比，这样就能认出来啦！

在书里，我们会一起探索计算机视觉的各种秘密。你会学习到一些基础的概念，了解它的发展历史，还能看到很多有趣的应用。也许你会惊讶地发现，原来计算机视觉就在我们生活的方方面面，从手机里的拍照美颜，到超市里的自助结账，都有它的身影。

而且，学习计算机视觉，对你们的成长特别有帮助。它能锻炼你们的逻辑思维，让你们学会像科学家一样思考问题、解决问题。说不定，以后你们当中就会出现超级厉害的计算机视觉专家，创造出更神奇的科技，改变我们的生活！

所以，小读者们，准备好和我们一起踏上这场充满惊喜的计算机视觉之旅了吗？让我们一起在知识的海洋里畅游，去发现计算机视觉的无限奥秘！

目录

CONTENTS

第一章 探秘计算机视觉

第二章 摄像机的成像原理

第三章 数字图像

第四章 图像处理

第五章 图像分割

第六章 特征与特征匹配

第七章 计算机视觉的应用

第一章 探秘计算机视觉

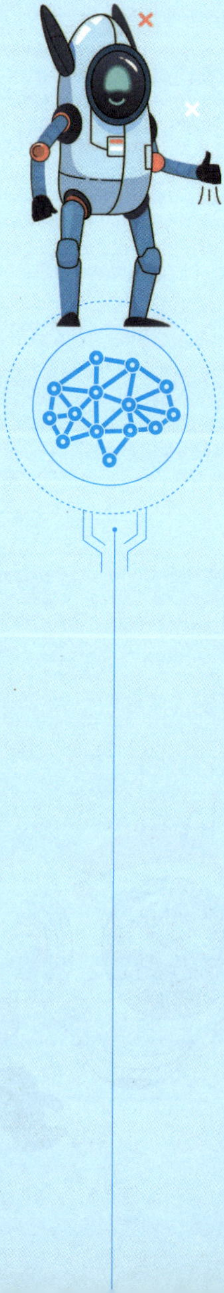

在当今数字化浪潮中,计算机视觉如同一双“智能之眼”,正在悄然重塑人类的生活方式。从手机刷脸付款到无人驾驶汽车的精准导航,从工厂流水线上的自动化质检到医学影像的智能诊断,这项技术已渗透到生活的方方面面。它让冰冷的机器学会“看”世界,甚至在某些领域展现出超越人类视觉的能力。本章将揭开计算机视觉的神秘面纱,探索它的发展历程与未来潜力。

1.1 揭开计算机视觉的神秘面纱

计算机视觉的本质,是让机器模仿人类的视觉系统,通过摄像头、传感器等设备捕捉图像或视频,再借助算法分析这些数据中的物体、场景和动作。与人类不同,机器的“看”并非依赖生物神经系统,而是通过数学模型和海量数据的训练实现智能感知。

想象你走进一间咖啡馆:眼睛瞬间捕捉到空座位、咖啡杯的位置,以及服务员的手势。计算机视觉系统同样如此——当监控摄像头拍到画面时,算法会迅速识别出顾客是否佩戴口罩、收银台是否有人排队,甚至分析顾客的面部表情判断满意度。在自动驾驶场景中,车载摄像头能实时分辨红绿灯、斑马线和突然窜出的行人,反应速度可达毫秒级。

这项技术的核心突破，在于它不再需要人类手动编写识别规则。通过深度学习，计算机能从数百万张猫的照片中自动总结出猫的胡须、耳朵等特征，最终实现精准识别。就像儿童通过观察学习认识世界，机器也能通过数据积累获得视觉智慧。

1.2 计算机视觉的发展历程

一、萌芽起步阶段(20世纪50—70年代)

计算机视觉的故事始于20世纪50年代,那时一台计算机还是占据整个房间的庞然大物。科学家们突发奇想:既然计算机能处理数字,那能不能让它"看懂"图像?他们尝试将照片分割成无数个小方格(即像素),每个方格用数字表示明暗程度,就像用黑白积木拼出蒙娜丽莎的微笑。这种"数字画像"虽然粗糙,却为机器视觉奠定了基础。

1966年,麻省理工学院发起了一项名为"夏季视觉计划"的疯狂挑战:让计算机识别积木玩具。研究人员用摄像头拍摄由立方体、棱锥体组成的简单场景,计算机通过分析黑白图像中的直线交叉点,勉强能分辨出物体的棱角。这就像教婴儿认识积木——虽然只能区分"有角"和"没角",却是机器第一次睁开"数字之眼"。

到20世纪70年代,计算机开始尝试理解真实场景。美国斯坦福研究院开发的"手眼系统",能让机械臂根据摄像头画面抓取特定形状的零件。虽然它需要纯色背景和严格光照条件,但在当时已堪称奇迹。有趣的是,这套系统识别一个方块需要20分钟,而人类只需0.1秒——这种巨大差距,揭示了早期计算机视觉的稚嫩。

二、发展成长阶段(20世纪80—90年代)

20世纪80年代迎来技术爆发期。计算机开始识别真实物体,如通过分析颜色斑块区分苹果与橙子,利用文字结构特征实现印刷体识别。1991年,美国国防部研发出首套人脸识别系统,尽管它需要严格正面光照且错误率达30%,但却为今天的刷脸支付打下了基础。工业领域率先受益,汽车工厂引入视觉质检系统,检测速度比人工快5倍。

三、深度学习引发的革命(21世纪初至今)

2012年成为转折点,标志性事件是多伦多大学的AlexNet模型在ImageNet图像识别竞赛中,将图像识别错误率从26%降低至15%。这得益于卷积神经网络(CNN)——它像人类视觉皮层般分层处理图像,先识别边缘轮廓,再组合成复杂图案。配合GPU显卡的强力运算,训练一个图像识别模型的时间从数月缩短到几小时。如今,手机拍照时自动识别人像、美食、夜景的模式切换,正是这场革命的体现。

1.3 计算机视觉在人工智能领域的作用

一、智能设备的“环境感知器”

无论是家庭扫地机器人避开宠物食盆，还是仓储物流机器人搬运货箱，都要依赖视觉系统构建空间地图。波士顿动力的仿生机器人能完成后空翻等高难度动作，也是通过每秒数十次的视觉扫描来实现实时姿态调整。这种感知能力，让机器不再只能被动执行指令，而进化为自主决策的智能体。

二、数据世界的“解读者”

每天全球产生约30亿小时的监控视频，计算机视觉如同高效的信息过滤器：交通摄像头统计车流优化信号灯，农业无人机分析作物长势指导灌溉，甚至考古学家用卫星图像定位地下遗址。这些视觉数据经过人工智能（简称：AI）解读，最终转化为各种分析结果或科学发现。

三、人机协作的“桥梁”

在复杂手术中，达芬奇手术机器人通过3D视觉系统，将患者体内影像放大10倍呈现给医生；工业质检员佩戴AR眼镜时，缺陷位置会被自动标记并叠加维修指南。这种“增强视觉”不仅提升了效率，更创造了全新的人机交互方式。

1.4 计算机视觉在人工智能领域的应用

一、安防监控:智慧城市的“守护者”

上海外滩的智能监控系统,能在百万人流中识别出异常聚集;迪拜机场的“通关走廊”实现无停留人脸识别,在旅客行走间即完成身份核验。更前沿的应用中,算法可通过步态分析辨识伪装者——即便蒙面低头,走路的肌肉发力模式也会暴露身份。

二、智能交通:车轮上的“视觉大脑”

特斯拉 Autopilot 系统包含 8 个摄像头,构建 360°视觉感知网。它能识别锥形路障、施工围栏等 200 多种物体,甚至能在暴雨中“看见”被雨水模糊的车道线。杭州城市大脑通过分析实时路况,使救护车到达现场时间缩短了 43%,相当于为每名患者多争取了 7 分钟黄金救援时间。

三、医疗健康:医生的“超级显微镜”

腾讯觅影系统分析食管癌内镜影像的准确率达 90%,相当于资深专家的水平;斯坦福大学开发的皮肤癌诊断系统,通过手机摄像头检测痣的变化,预警准确率比初级医生高 20%。在显微外科领域，视觉系统能追踪0.1毫米级的血管颤动，辅助完成头发丝粗细的神经缝合。

四、工业制造：流水线的“火眼金睛”

德国西门子工厂的电路板检测系统，可在0.8秒内完成30项质量检查，精度达微米级；阿迪达斯采用3D视觉扫描技术，为顾客生成足部模型，定制鞋的装配误差小于1毫米。这些系统24小时运转，永不疲倦，将产品不良率降低至万分之三以下。

五、教育创新：课堂里的“观察者”

北京某中学的智慧课堂系统，通过分析学生表情和坐姿，实时生成专注度曲线。当超过三分之一学生出现皱眉表情时，系统会提醒教师调整讲解方式。书法教学APP则用摄像头捕捉笔锋轨迹，用AI评分替代主观评价，让“写好字”有了数字化标准。

六、娱乐艺术：虚实交织的“魔术师”

电影《阿凡达》的虚拟角色能完美复刻演员的微表情，这得益于对面部542个特征点的实时追踪。在元宇宙演唱会中，观众的形象动作被即时转化为虚拟形象，连衣摆飘动都符合物理规律。故宫博物院利用3D视觉技术复原破损文物，让千年古画在数字世界中“重获新生”。

当前，计算机视觉仍面临挑战：它可能把飘动的窗帘误判为行人，也看不懂毕加索画作中的抽象表达。科学家正致力于让AI获得“常识”——理解“猫不会飞”“玻璃是透明的”等基础认知。在伦理层面,如何防止人脸识别技术被滥用,如何避免算法偏见,已成为全球讨论的焦点。

未来,这项技术或将带来更深刻的变革:盲人通过电子义眼重见光明,火星探测器自主寻找生命痕迹,甚至为人类开启“视觉增强”的新可能——直接看到红外光谱或微观世界。当机器真正学会“看”世界时,或许我们会发现:这不是替代人类眼睛,而是为文明打开了一扇新的认知之窗。

计算机视觉

第二章 摄像机的成像原理

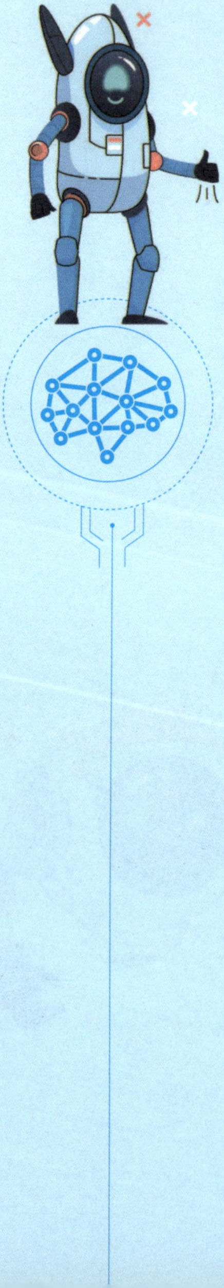

在数字影像的奇幻世界里,摄像机不仅是光线的捕手,更是几何规律的编织者。本章将揭开计算机视觉中“摄像机几何模型”的奥秘——从模拟人眼精密成像的光学原理,到驯服镜头畸变的数学魔法。我们熟知的小孔成像原理,在数码时代演变为精密的光学系统,镜头通过调节光圈与焦距,将三维世界的几何信息投射到二维传感器上。然而,真实场景中的直线可能在照片中“悄然弯曲”,这是镜头光学特性与理想几何模型博弈的结果。

2.1 物体成像

当我们人眼看到某一件物品并感知到了它的存在,这一过程被称为视觉。而计算机及相关设备能够发现并检测出物品,这便是计算机视觉的功能。计算机视觉是对生物视觉的一种模拟,核心任务在于处理采集的图片或视频,从中提取出相应场景的三维信息,这与人类及其他许多生物每天进行的视觉感知活动颇为相似。

计算机视觉利用相机和电脑来模拟人眼的功能,使计算机能够像人类一样对目标进行分割、分类、识别、跟踪以及判别决策。作为一门新兴学科,计算机视觉致力于研究相关理论和技术,旨在构建能够从图像或多维数据中获取“信息”的人工智能系统。简单来说,计算机视觉通过研究如何利用照相机和计算机来获取被拍摄对象的数据与信息，为计算机“装上”眼睛（照相机）和大脑（算法），从而使其能够感知和理解周围的环境。

2.1.1 眼睛

眼睛是一个能够感知光线的器官（图 2-1）。其结构从简单到复杂各不相同：最简单的眼睛结构仅能探测到周围环境的明暗变化，而更复杂的眼睛则能提供清晰的视觉体验。复眼常见于节肢动物（如昆虫），它由许多简单的小眼睛组成，这些小眼睛协同工作，共同生成一个完整的影像。

在脊椎动物和一些软体动物中，眼睛通过光线投射到对光敏感的视网膜上来成像。视网膜上的感光细胞接收光线并将其转化为神经信号，这些信号随后通过视神经传递到大脑进行处理。通常，眼睛呈球状，内部填充着透明的凝胶状物质，包含一个用于聚焦的晶状体，以及一个可调节进入眼睛光线量的虹膜。这样的结构使得眼睛能够捕捉到清晰、详细的图像，为我们提供丰富的视觉信息。

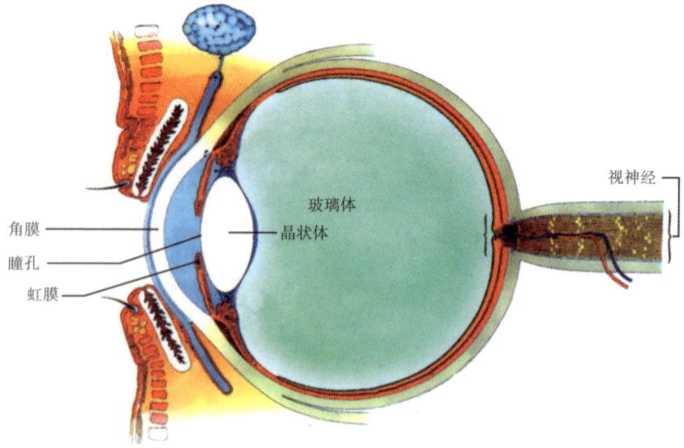

图 2-1 人眼的结构示意图

人的眼球被一层称为巩膜的薄膜包裹，它就像摄影机的黑箱一样，将眼球分为前段和后段。眼球的前段主要负责聚光，由角膜、瞳孔、晶状体等部分组成。这些结构协同工作，调节并聚合外界射入的光线。

首先，光线穿过透明的角膜，这是光线进入眼球的第一道门户。接着，瞳孔作为可透光的孔，会根据光线的强弱自动调节其大小。在暗环境中，瞳孔会扩大，让更多光线进入；而在光线充足时，瞳孔则会缩小，防止过多光线进入眼睛。

眼球内的睫状肌则扮演着调节晶状体弯曲度的角色。通过睫状肌的伸拉作用，晶状体可以变形，从而改变其屈光度。当光线来自近距离物体时，晶状体变得更圆，屈光度增大；而当光线来自远距离物体时，晶状体则变得较扁平，屈光度降低。这种调节机制确保了光线能够准确聚焦在视网膜上，形成清晰的影像。

眼睛是人类极其重要的器官，我们大约80%的信息都是通过视觉获取的。无论是读书学习、欣赏图画，还是观赏美景，都离不开眼睛。下面，我们将进一步探讨计算机如何模拟人类的视觉过程，实现图像的识别和处理等高级功能。

2.1.2 小孔成像

一、小孔成像的原理

人眼成像的过程非常奇妙，它就像一台精密的照相机。角膜位于人眼的最前面，无色透明，就像照相机的镜头一样，让外界的光线得以顺利进入。瞳孔则像照相机的光圈，根据光线的强弱自动调节大小，确保进入眼底的光线量适中。

当光线穿过瞳孔后，它会落在视网膜上。视网膜上有无数的感光细胞，这些细胞就像数码相机中的感光部件，能够将光线刺激转化为神经脉冲，并通过视神经传递到大脑皮层的视觉中心。这样，我们就能看到外界事物的形象和色彩了。眼睛有一个调节范围，存在一个最远点（调节远点）和一个最近点（调节近点），在这个范围内，眼睛能够清晰地看到物体。

小孔成像原理与人眼成像有着异曲同工之妙。小孔成像的原理很简单：光在同种均匀介质中总是沿直线传播的。以一个发光的蜡烛为例，蜡烛上的每一个点都会向四面八方发出光线，这些光线通过一个小孔后，会在光屏上形成一个倒立的实像。这个像的形状与物体相似，与小孔的形状无关。

我们可以做一个简单的实验来验证小孔成像原理。在一张硬纸片的中心扎一个小孔，然后直立在桌子上，拉上窗帘使室内光线变暗。点上一支蜡烛放在靠近小孔的地方，再拿一张白纸放在小孔的另一面。这时，你会在白纸上看到一个倒立的烛焰，这就是蜡烛的像。当你前后移动白纸时，像的大小和亮度会发生变化。改变小孔的大小，你会发现像的清晰程度也会有所不同。孔越小，像越清晰；孔越大，像则越模糊。而且，孔的形状并不会影响成像的清晰度和像的形状。

小孔成像原理还被广泛应用于照相机和摄影机中，帮助我们拍摄出美丽的画面（图 2–2）。在本书中，我们将进一步探讨计算机如何模拟这些光学原理，实现更加智能的图像处理和识别功能。

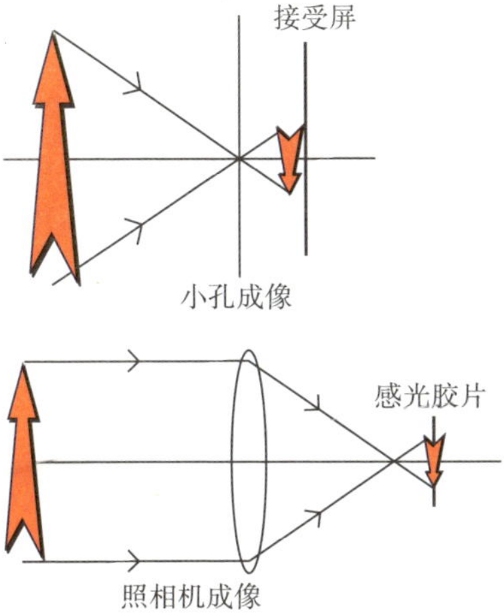

图 2-2 小孔成像与照相机成像的对比

2.1.3 照相机的原理

照相机巧妙地运用了光学成像原理来捕捉并记录影像。它仿佛是人类视觉的延伸，让我们能够定格瞬间的美好。当被摄景物反射出的光线穿越照相镜头——这类似于我们眼睛的晶状体，再经过控制曝光量的快门——类似于眼睛的瞳孔进行调节后，景物的影像便会在相机内部的感光材料上精准聚焦，形成一幅生动的画面。这一过程，实则是对小孔成像原理的巧妙应用，如图 2-3 所示。

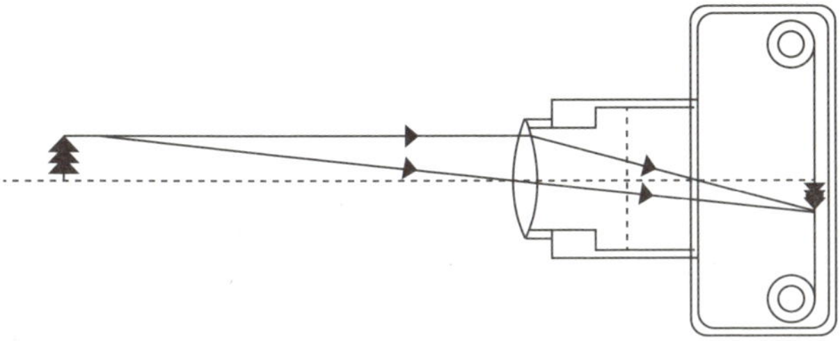

图 2-3 相机成像的原理示意图

一、传统相机成像

在传统相机中，镜头负责将景物的影像清晰地聚焦在胶片上。胶片上的感光剂在接收到光线后会发生化学变化，记录下景物的影像。再经过显影和定影等步骤，最终在胶片上呈现出与景物左右相反、色彩互补的影像。

二、数码相机成像

数码相机则更为先进，它利用电荷耦合器件（CCD）或互补金属氧化物半导体（CMOS）作为感光元件，将光线转换成电信号。这些电信号经过处理器的加工后，被记录在相机的内存中，形成了我们所见的数字影像。

那么，计算机视觉又是如何在这些场景中发挥作用的呢？想象一下，计算机视觉能够智能地判断当前图片中车辆的个数、颜色、类型以及外观特征，仿佛给计算机装上了一双“慧眼”。它还能根据图片精准判断零件是否存在缺陷，对图片中的数字和字符进行提取与分类判别。更神奇的是，计算机视觉能够迅速识别图片中的人脸，甚至与预先存储的人脸进行比对验证，确保身份的真实无误。此外，它还能跟踪视频序列中的车辆，判断人脸的表情，为我们的生活带来了前所未有的便捷。

2.2 让照片和我们看到的一样

当你举起摄像机对准眼前的风景,按下快门的一刹那,一场光与影的魔法就在镜头后悄然上演。但你知道吗?摄像机镜头,这位光学界的“魔术师”,虽然能捕捉世界的精彩,却也会在不经意间给画面施上一点“变形咒语”。

这咒语的名字,就叫做畸变。这是因为摄像机镜头通常由玻璃等材质制成,对光线有着微妙的弯曲作用。这种弯曲,让真实世界中笔直的道路,在照片上可能变成了曲线,就像是被施了魔法一样。畸变这位调皮的“魔法师”,还有着自己的分类呢!它大体上可以分为径向畸变和切向畸变两大家族。

径向畸变,就像是镜头在跟图片玩“拉扯游戏”。它会让图片中心的周围物体看起来像是被拉扯或压缩了一样,形成有趣的桶形或枕形变形,有时这两者还会联手,创造出更加独特的胡子畸变效果,让图片充满了艺术感,如图2-4所示。

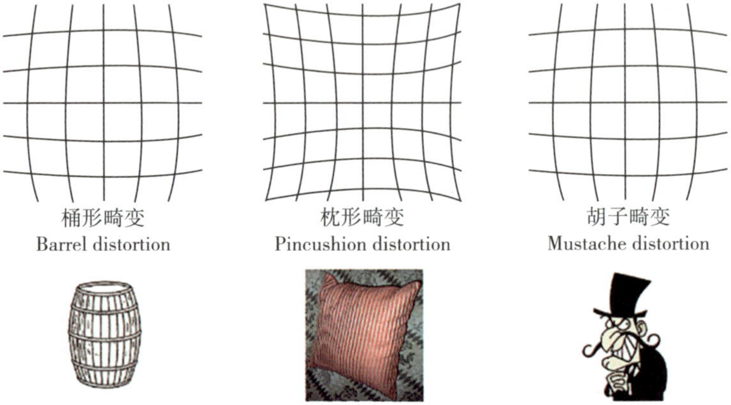

图2-4 径向畸变示例

因此，在实际工作中，摄像机所成的像往往会与真实物体存在一些偏差，为了确定真实物体某点的位置与其在摄像机所成像中对应点之间的相互关系，必须建立一个摄像机成像的模型，相关模型的参数就是摄像机参数，如图2-5所示。

而为了揭开这层“变形咒语”，让摄像机捕捉到的画面更加真实，我们就需要给摄像机做一次“体检”，这个过程就是摄像机标定。它就像是给摄像机拍了一张“X射线片”，通过一系列精心设计的实验和计算，我们能够找出摄像机的“身体密码”——内部参数和外部参数。

内部参数，就像是摄像机的“身份证”，记录着它的焦距、主点坐标、像素畸变等成像特性，这些特性决定了摄像机如何捕捉和记录世界的美好。而外部参数，则像是摄像机的“定位器”，告诉我们它在现实世界中的位置和姿态，包括它在哪里，以及它是如何“站立”的。

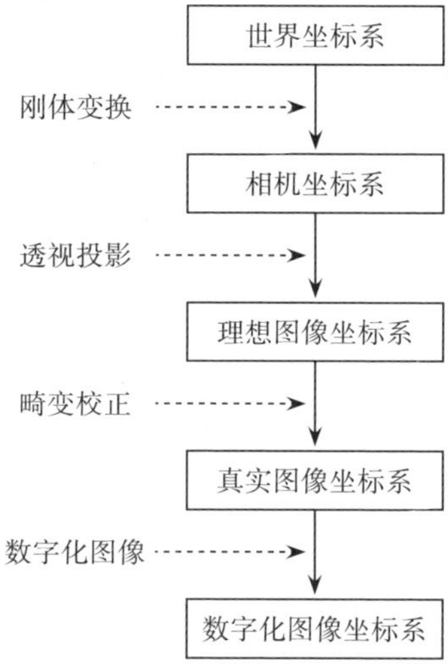

图2-5 数码相机成像及校正过程

摄像机标定的目的，就是建立起一座桥梁，连接起图像像素坐标和实际世界坐标。有了这座桥梁，我们就能对照片中的物体进行精确的测量、定位和三维重建等操作，就像是给计算机装上了一双“透视眼”，让它能够看穿图片的表象，洞察背后的真实世界。

2.3 颜色

2.3.1 我们能看见的光

一、电磁辐射

想象一下，当你漫步在五彩斑斓的世界里，从璀璨的伽马射线到隐形的微波，它们都是电磁辐射大家庭中的成员，只是各自穿着不同波长的“外衣”。就像一场盛大的光谱派对，每个电磁波都带着自己独特的能量和色彩。

拿我们日常见到的灯泡来说，它可能在你眼中闪烁着白光或温暖的黄光，这背后其实是一场能量转换的游戏。首先，让我们来看看不同光线携带的能量，一个灯泡的电磁波能量分布如图2-6所示。

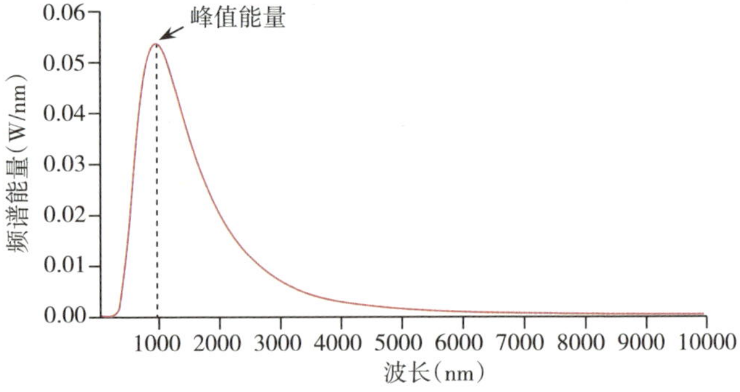

图2-6 灯泡的电磁能量分布示意图

一个 200 W 的灯泡，就像个小型的能量工厂，它发出的电磁波能量大约有 160 W，而剩下的 40 W 则悄悄变成了热能，让灯泡摸起来暖暖的。但别以为这 160 W 的能量都变成了你眼中的色彩哦！

二、可见光

人眼这位挑剔的观众，只对 380 纳米至 750 纳米波长的光线感兴趣，这段波长范围就像是它专属的“色彩频道”。超出这个范围的光线，人眼就只能说声“抱歉，我看不见”。所以，当你盯着那个 200 W 的灯泡时，其实只有大约 16.8 W（甚至更少）的能量，是以你能看见的光的形式展现。这就像是在一场盛大的灯光秀中，只有少数灯光被你的眼睛捕捉并欣赏。图 2-7 中的这个区域，是人眼可见的灯泡的能量。

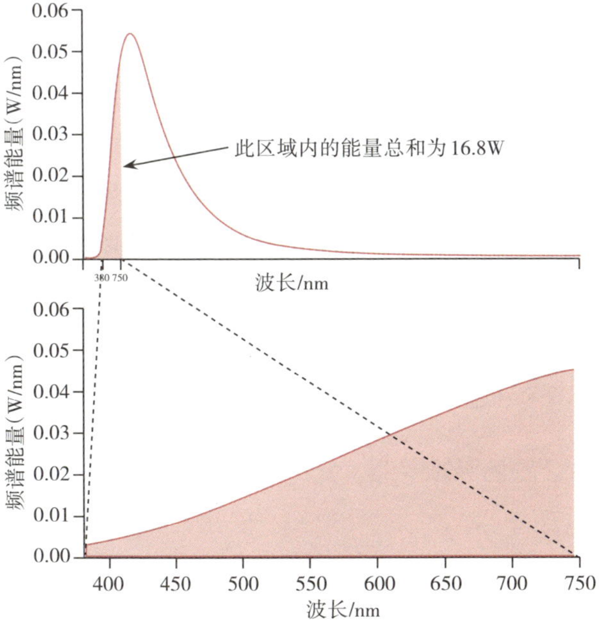

图 2-7 人眼实际所见区域

三、复色光与光谱

说到色彩，不得不提复色光和光谱这对神奇的组合。复色光，就像是彩虹的化身，包含了多种颜色的光。当复色光经过棱镜或光栅这样的“色彩分拣员”时，它会被分解成单色光，并按波长大小依次排列，形成一幅美丽的光谱图。太阳，这个自然界中最耀眼的光源，它的光就是复色光的典范，包含了可见光和不可见光的广阔范围。

四、波长与颜色的关系

在可见光谱的世界里，波长与颜色之间有着不解之缘。红色，这位波长较长的“大哥”，总是喜欢在傍晚时分活动，勇敢地穿透大气层，给我们带来晚霞的浪漫。而橙色，这位略显羞涩的“小弟”，它的波长比红色略短，却能在橙子、胡萝卜等物体上留下温暖的痕迹。黄色光的波长为570纳米至590纳米，这位明媚的“少女”，总是以向日葵般的笑容，反射着属于它波长的范围。绿色光的波长为500纳米至570纳米，这位自然界的“使者”，因为它对叶绿素的偏爱，让植物的叶子披上了生命的绿装。蓝色光的波长为450纳米至500纳米，这位冷静的“智者”，在晴朗的天空中，以它强大的散射能力，绘制出天空的蔚蓝色。最后，紫色，这位波长较短的“小精灵”，在紫甘蓝、葡萄等物体上，闪烁着神秘的光芒。

2.3.2 颜色感知

一、色视觉原理

人眼感知颜色是一个复杂的生理和心理过程，主要涉及眼睛的光学结构、视网膜中的感光细胞以及大脑的视觉处理系统，具体过程如下。

1. 光线的聚焦与传输

当外界的光线轻轻触碰你的眼睛，它们首先遇到的是角膜这位“透明指挥家”，它巧妙地将光线折射并聚焦，引领它们深入眼内。紧接着，光线遇到了晶状体这位“变焦大师”，它灵活调整自己的形状，确保每一束光线都能精准地落在视网膜这个“光影舞台”上。

2. 视网膜上的感光过程

视网膜，这片神奇的光敏幕布，藏着两位关键的“演员”——视锥细胞和视杆细胞。视锥细胞，这群色彩感知的精灵，拥有三种不同“肤色”的成员，它们分别对红、绿、蓝三种颜色的光线情有独钟。当光线照射在视网膜上时，这些色彩精灵会根据光线的波长选择性地“跳舞”，即产生神经冲动，将光信号转化为电信号。想象一下，当一束红光照射过来，对红光敏感的视锥细胞就会欢快地跳起舞来，而蓝光和绿光则会让两位其他“肤色”的视锥细胞翩翩起舞。

3. 神经信号的传导与大脑处理

电信号，就像是舞台上传递的信息，通过视网膜中的神经元网络这条“信息通道”，迅速传导至大脑的视觉中枢。大脑，这位最终的“色彩解读大师”，会根据不同视锥细胞的“舞蹈”程度和比例，来感知和识别颜色。比如，当红、绿两种视锥细胞同时起舞，且舞步不同步时，大脑可能会将其解读为温暖的黄色。

而且，大脑这位“色彩解读大师”不仅擅长解读色彩，还会结合我们的经验、记忆等，对颜色信息进行更深层次的解读和理解。比如，当你看到一片熟悉的蓝色天空时，大脑会立刻告诉你："这是晴朗的天空，是自由与宁静的象征。"

在这本书中，我们将一起探索颜色感知的奥秘，感受光线、眼睛和大脑如何携手共创这个五彩斑斓的世界。每一次凝视，都是一次奇妙的色彩之旅，让我们共同揭开颜色感知的神秘面纱。

二、三原色原理

1.加法三原色

在色彩的世界里，有三个神奇的"魔法小精灵"，它们分别是加法三原色：红（Red）、绿（Green）、蓝（Blue），也被亲切地称为RGB。这三个小精灵就像是色彩王国的基石，它们虽然简单，却能通过不同的组合和强度，变出无数种色彩，就像是魔法师的调色盘一样神奇。

想象一下，当红色小精灵、绿色小精灵和蓝色小精灵手拉手站在一起，它们合力释放出耀眼的光芒，竟然产生了纯净的白色光！这就像是一场光影的魔法秀，"红+绿+蓝=白"，这个等式就像是色彩世界的咒语，让一切变得可能。而且，当这三个小精灵的光芒越叠加，颜色就越发亮丽，所以它们被称为加法三原色。

加法三原色的魔法，在我们的日常生活中无处不在。当你打开电脑显示屏、手机屏幕或电视屏幕，那些丰富多彩的图像和视频画面，都是这三个小精灵在幕后施展的魔法。它们通过不同比例的组合，为我们呈现出一个五彩斑斓的虚拟世界（图2-8）。

图2-8 加法三原色及简单叠加效果

2. 减法三原色

然而，在色彩王国的另一边，还有另外三个"魔法小精灵"，它们是减法三原色：青（Cyan）、品红（Magenta）、黄（Yellow），简称CMY。这三个小精灵与加法三原色中的红、绿、蓝互为补色，它们就像是色彩世界的"暗影大师"。

当青色小精灵、品红色小精灵和黄色小精灵以不同的比例混合时，它们会吸收（减去）周围的光线，试图创造出黑色。但就像现实中的魔法总会有一点瑕疵一样，由于颜料等物质的特性，它们混合出的颜色往往是深灰色，而不是纯粹的黑色。不过，这并不影响它们在色彩世界中的地位。在这个系统中，这三种颜色叠加，颜色就越发暗淡，所以它们被称为减法三原色。

减法三原色的魔法，在印刷、绘画等领域发挥着重要作用。比如，在彩色印刷中，就是通过青、品红、黄、黑（Black，简称K）四种油墨的巧妙搭配，混合出各种颜色，形成我们看到的精美印刷品。这些油墨就像是色彩世界的魔法师，用它们的"暗影魔法"，为我们创造出一个又一个视觉盛宴。

在本书中，我们将一起探索色彩世界的奥秘，感受加法三原色和减法三原色带来的神奇变化。让我们踏上一场色彩之旅,共同揭开色彩魔法的神秘面纱。

三、三原色原理的简单解释

在色彩这个奇妙的魔法世界里,有三个被称为三原色的“魔法小精灵”,它们是红、绿、蓝。这三个小精灵拥有不可思议的力量——自然界的任何光色,都可以由它们三个按照不同的比例携手合作,共同创造出来。

想象一下,红、绿、蓝这三个小精灵就像是色彩王国的三原色魔法师,它们各自拥有独特的魔法能力,而且彼此之间是完全独立的。这意味着,任何一种光色都无法仅由其中的两个小精灵联手变出,它们三个缺一不可。

当这三个小精灵开始施展魔法,按照不同的比例混合时,奇妙的事情就发生了。它们能够创造出无数种不同的颜色,就像是色彩世界中的万花筒,每一次旋转都能带来新的惊喜。而且,混合色的饱和度,也就是颜色的鲜艳程度,完全取决于这三个小精灵各自贡献的“魔法力量”的比例。如果某个小精灵的“魔法力量”更强,那么混合出来的颜色就会更加偏向它的色彩。

此外,混合色的亮度也是这三个小精灵共同作用的结果。它们就像是三个小灯泡,各自发出不同亮度的光芒。当它们的光芒汇聚在一起时,亮度就会叠加,让混合出来的颜色更加明亮耀眼。

小贴士来啦!想知道这些五彩斑斓的颜色是怎么通过三原色叠加出来的吗?不妨仔细观察一下图2-9,你会发现,那些美丽的颜色都是由红、绿、蓝这三个小精灵以不同的比例混合而成的。每一次叠加,都是一次色彩的魔法表演,让我们在欣赏中感受色彩的魅力吧!

图2-9 颜色叠加效果演示

2.3.3 颜色感受体

在我们的眼睛里，藏着一群叫做视锥细胞的“色彩侦探”。它们就像是一位位专业的色彩分析师，专门负责在光线充足的时候，为我们捕捉物体的细节和丰富的色彩。你知道吗？我们的视网膜上布满了这些小小的色彩侦探，它们有三种不同的类型，分别对红色、绿色和蓝色的光特别敏感。这三个小侦探，各自擅长追踪不同颜色的线索。人眼中的三种视锥细胞分别对不同的波长段敏感，可以将它们分别定义为S、M、L视锥细胞。(图2-10)

想象一下，当你手里拿着一个柠檬，在阳光下闪闪发光，那些色彩侦探就开始忙碌起来了。它们会把柠檬反射的红、绿、蓝三种光的不同反应组合起来，然后向大脑报告：“嘿，我们发现了一个柠檬黄的物体！”大脑接收到这个信息后，就会让我们感知到柠檬那鲜艳明亮的黄色。

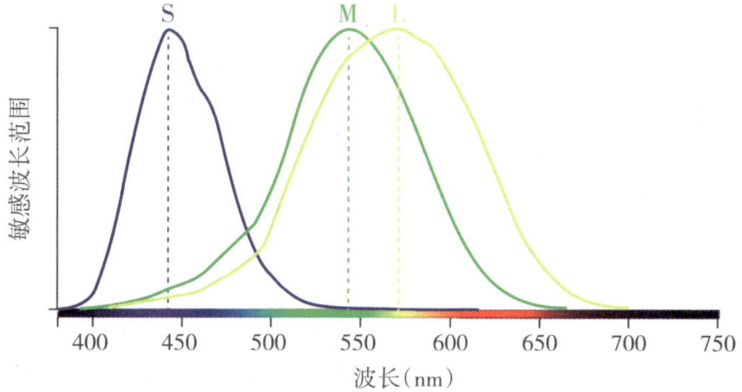

图2-10 人眼不同视锥细胞的敏感波长段示意图

但是,你有没有想过,如果我们无法通过视频或图片展示这个柠檬,该怎么向别人描述它的颜色呢?其实,颜色是由光的波长决定的。就像彩虹中的每种颜色都有自己独特的波长,红色光的波长比蓝色光要长一些。当这些不同颜色的光混合在一起时,我们的眼睛就会感受到一种全新的颜色。所以,我们看到的每种颜色,都是不同光波组合的结果。

你知道吗?人眼能看到的光谱就像是一幅美丽的画卷,上面排列着各种不同颜色的光波。而柠檬在阳光下的反射光波频,就像是这幅画卷上的一段独特旋律。让我们来看看人眼能看到的光谱,如图2-11所示。

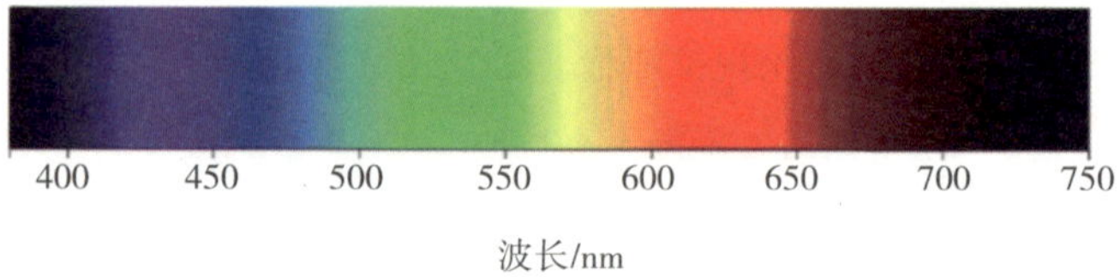

图2-11 人眼可见光谱

柠檬在阳光下的反射光波频大致如图2-12所示。如果我们给柠檬拍一张照片,然后在电脑上用PS(Phtoshop软件的简称)调节,让它看起来和手上的柠檬一模一样，这时电脑屏幕发出的光和手上柠檬反射的光是一样的吗？你可能会觉得，既然看起来一样，那光也应该一样吧？但其实不然哦！就像双胞胎虽然长得一模一样，但他们的性格和习惯可能完全不同，如图2-12与图2-13所示。同样地，虽然肉眼看上去颜色相同，但电脑屏幕发出的光和柠檬反射的光的波长可能是不一样的，我们把这种现象叫做等色。

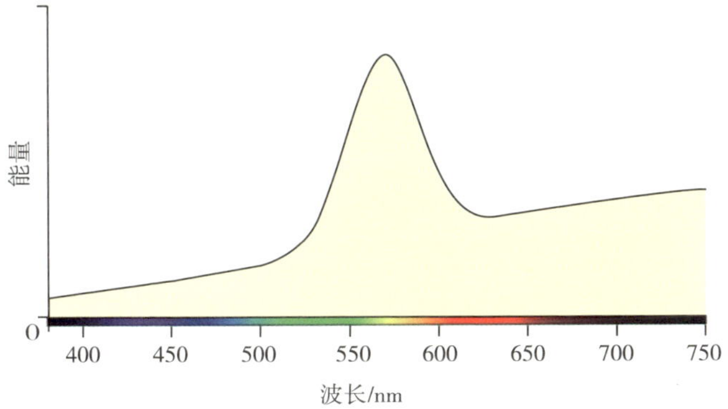

图2-12 柠檬在太阳光下的反射光波长示意图

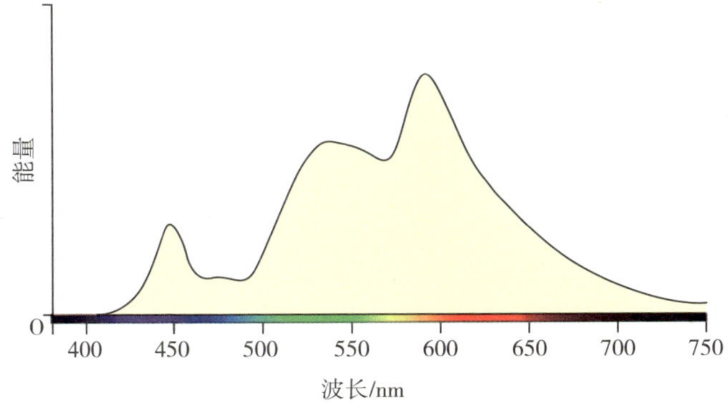

图2-13 电脑屏幕显示出来的柠檬反射光波长示意图

为了进一步了解这个现象，我们可以把手上柠檬的反射光按照三种视锥细胞敏感的波段进行分解，如图2-14所示。

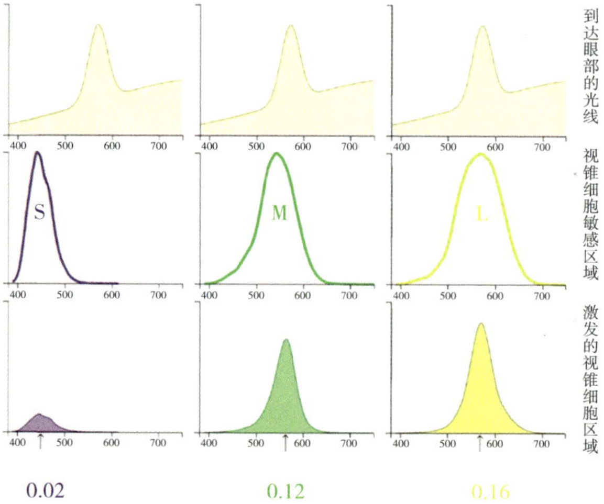

图 2-14 不同视锥细胞对真实柠檬反射光的分解示意图

虽然电脑屏幕上的柠檬和手上的柠檬颜色看起来一样,但它们在不同视锥细胞敏感波段的分解结果却有所不同。屏幕上的柠檬的光分解如图 2-15。

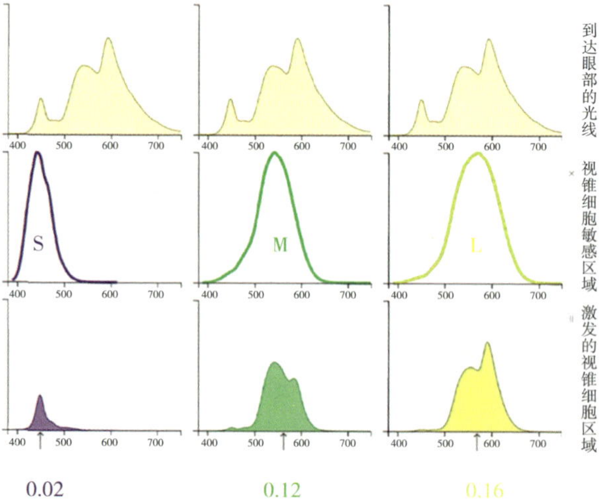

图 2-15 不同视锥细胞对电脑屏幕中柠檬反射光的分解示意图

神奇的是，这些差异并不影响我们感知到的颜色，因为视锥细胞识别出来的波段区域大小是一致的。这就像是我们用不同的方式描述同一个物体，虽然用词不同，但意思却是一样的。

因此，如果我们采用S、M、L作为颜色区间的定义方式，那么(0.02、0.12、0.16)就可以用来表示柠檬黄这种颜色了。这种表示方法被称为基于视锥细胞响应的颜色表示法，也可以简称为LMS颜色空间或LMS色彩模型。它就像是一种特殊的"色彩密码"，让我们能够更准确地描述和理解颜色。

2.3.4 RGB标准

在色彩的世界里，科学家们总是充满好奇与创造力，他们不断探索，希望能更精准地捕捉和描述那些绚烂的色彩。今天，我们要学习的，就是从LMS颜色空间到RGB颜色模式的奇妙转变。

想象一下，LMS颜色空间就像是色彩世界的"初级密码"，它基于我们眼睛里的视锥细胞对颜色的敏感程度，将颜色分解为S、M、L三个不同的区间。但就像是对初学者的密码，虽然有趣，却不够实用。于是，科学家们继续钻研，终于，RGB颜色模式横空出世，它就像是色彩世界的"通用语言"，让我们能够更自由地表达和创造色彩。

RGB颜色模式，是基于光的三原色理论，也就是红、绿、蓝三种颜色的光可以混合出所有我们能看到的颜色。这个理论可不是凭空想出来的，它背后有着许多科学家的辛勤付出和精彩实验。

一、莱特实验

在20世纪30年代，有位叫莱特的科学家，他就像是个色彩魔术师，他选择了650 nm的红色、530 nm的绿色、460 nm的蓝色作为三原色，然后邀请了一些观察者，用这三种颜色去匹配等能光谱的各种颜色。这听起来就像是玩一场色彩搭配的游戏，但科学家们可是认真的哦！

二、吉尔德实验

吉尔德实验，也是在20世纪30年代进行的。吉尔德用滤色片产生了相当于波长630 nm的红色、542 nm的绿色、460 nm的蓝色的三原色，然后让观察者去匹配颜色。这些实验就像是为色彩世界搭建了一座桥梁，让我们能够更深入地理解颜色的奥秘。

三、三原色标准的确立

经过科学家们的不断努力，1931年，国际照明委员会终于确立了RGB三原色的标准，将三原色转换成700 nm的红色、546.1 nm的绿色、435.8 nm的蓝色。这就像是为色彩世界制定了一套统一的规则，让我们能够更准确地描述和交流颜色。如果把对应的红、绿、蓝三色光的波频绘制成曲线，结果如图2-16所示。

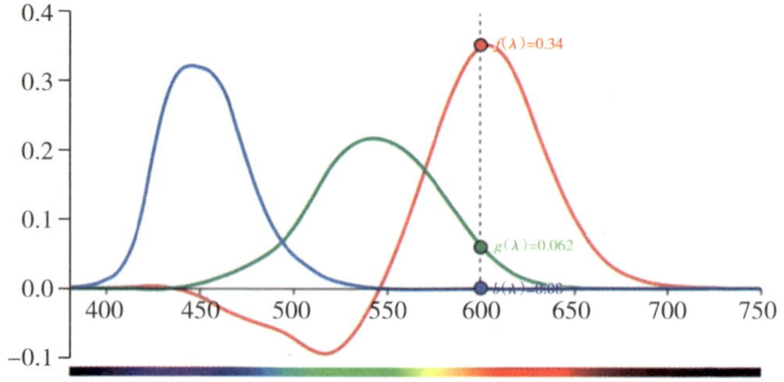

图2-16 RGB波频图示意图

RGB颜色模式的应用非常广泛，比如在我们的电脑屏幕上，那些五彩斑斓的图像和视频，都是通过RGB三色光的混合来呈现的。当我们看到一幅美丽的画面时，其实背后是无数个RGB小精灵在辛勤工作，它们通过不同的组合和强度，为我们创造出那些令人惊叹的色彩。

有趣的是，RGB波频图上还有负刻度曲线，这可能会让你觉得有些奇怪。但其实，这就像是我们在画画时，如果发现画面上的颜色太亮了，可以涂一点相反的颜色来“减去”亮度，使颜色更接近我们想要的效果。在RGB颜色模式中，有时候我们也需要用类似的方法，通过“减去”某种颜色的光来调整最终的颜色效果。这并不是真的有“负光”，而是表示我们需要减少或抵消某些光的效果，以达到更精准的颜色显示。

现在，让我们再次回到那个柠檬的例子。在RGB色彩表示法中，如图2-17，柠檬黄被定义为(1.0, 0.8, 0.2)，这就像是为柠檬黄这个颜色打上了一个独特的标签，让我们能够更准确地识别和描述它。

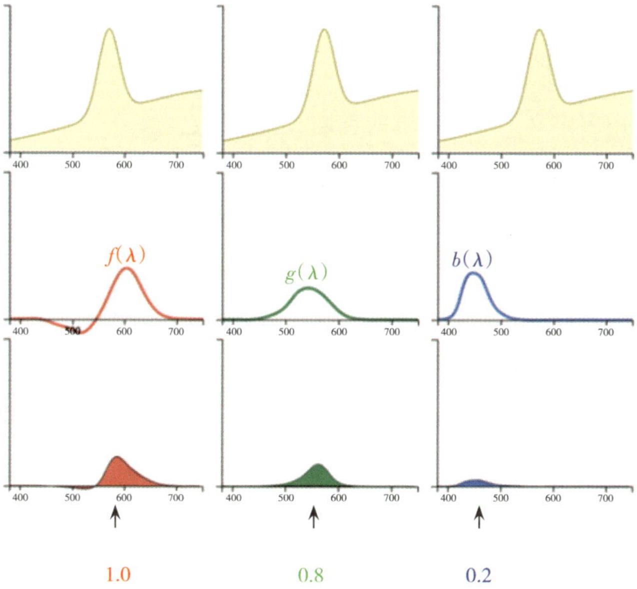

图2-17 RGB中的柠檬反射光分解示意图

在色彩的世界里，有一个大家耳熟能详的名字——sRGB。它就像是色彩王国里的一位“通用大使”，让不同设备之间的色彩显示变得更加和谐统一。想象一下，你拍了一张美丽的照片，无论是在家里的电脑上，还是在朋友的手机上，甚至是在互联网上的各个角落，都能呈现出几乎一样的色彩，是不是很神奇呢？

sRGB，全称为标准红绿蓝（Standard RGB），它是由微软携手惠普、三菱、爱普生等一众科技巨头共同打造的一种色彩空间标准。它的出现，就像是给色彩世界制定了一套“通用语言”，使计算机系统、电子设备、互联网等不同环境下的色彩显示都能有一个共同的参照。

sRGB 色彩空间具有广泛的兼容性和通用性，就像是色彩世界里的“万金油”。几乎所有的计算机显示器、数码相机、打印机、扫描仪等设备都支持 sRGB 色彩空间，让它成为了互联网、数码影像等领域的色彩显示“标配”。

sRGB 定义了一个特定的色域，这个色域包含了人眼在一般情况下能够感知到的大部分颜色。虽然相比于一些专业的广色域标准，sRGB 的色域范围稍显“小巧”，但它却更侧重于满足大众日常的色彩显示需求。就像是家常菜，虽然不一定豪华，但却能满足大多数人的口味。

在网页设计、网络图片、视频等领域，sRGB 色彩空间更是大行其道。大多数数码相机在默认设置下，都会采用 sRGB 色彩空间进行拍摄，这样拍出来的照片在普通的显示设备上查看和分享时，色彩效果会更加一致。同样地，大多数计算机显示器、手机屏幕等在默认设置下，也都采用 sRGB 色彩空间，以确保色彩显示的准确性和一致性。

sRGB 色彩空间的标准颜色值，就像是色彩世界里的“密码本”，它规定了红、绿、蓝三种颜色的具体数值，让不同设备在显示色彩时都能有一个共同的基准（图 2-18）。这些数值虽然看起来有些抽象，但它们却是sRGB 色彩空间能够发挥作用的关键。

它可以让我们在不同的设备上享受到几乎一样的色彩体验，让色彩的世界变得更加美好和有趣。

色度	红	绿	蓝
X	0.6400	0.3000	0.1500
Y	0.3300	0.6000	0.0600
Z	0.2126	0.7510	0.0722

图 2-18 sRGB 的标准颜色值

2.3.5 色度、色相和饱和度

如果我们把 RGB 颜色想象成一个三维的魔法空间（图 2-19），那么这个空间的原点（0，0，0）就像是深夜的漆黑，而顶点（1，1，1）则如同正午阳光的耀眼洁白。在这个魔法空间里，每一种颜色都是一个独特的位置，就像每个魔法都有它自己的坐标。

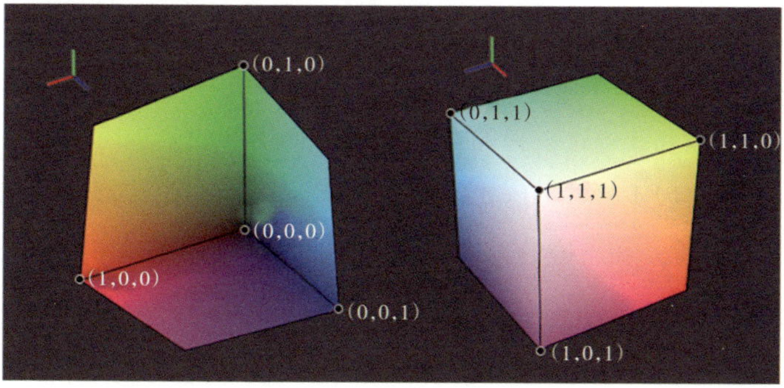

图 2-19 RGB 三维空间模型示意图

现在，如果我们挥动魔杖，沿着这个三维空间的斜对角线轻轻一画，一个奇妙的三角形就会出现，它就是我们所说的“颜色样本表”——RGB色度模型（图2-20）。在这个三角形里，每一个点都藏着一种独特的颜色秘密，而且神奇的是，这些颜色的RGB值加起来都是1，就像是一个完美的色彩配方。

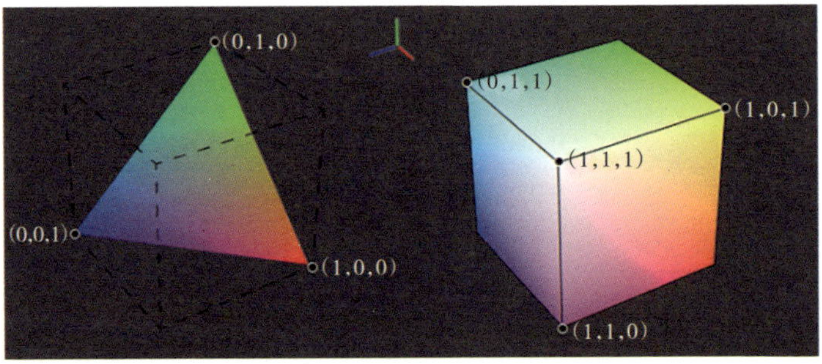

（1）

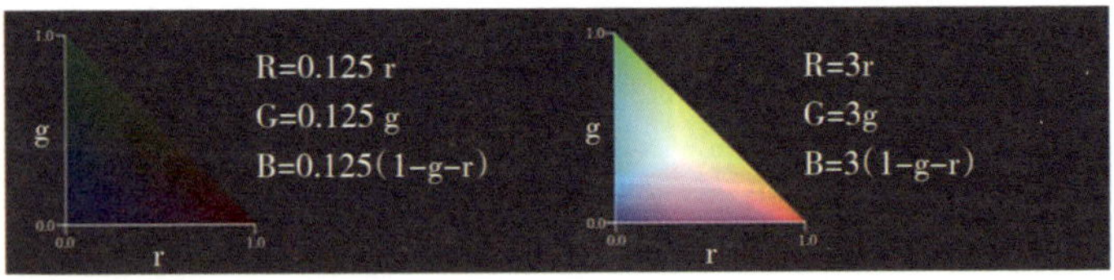

（2）

图2-20 RGB色度模型示意图

这个色度模型就像是我们的色彩魔法指南，它告诉我们怎样用红色、绿色和蓝色这三种基本魔法元素，调配出世界上所有可能的颜色。而且，不管外界的光照如何变化，这个色彩配方都是恒定不变的。就像是在不同的天气下，我们依然能够认出朋友们的脸，因为他们的“色彩配方”是独一无二的，不受光照影响的。

那么，这个二维的色度模型还能不能再变出点新花样呢？当然可以！就像我们可以把一张复杂的地图分解成街道和建筑物一样，我们也可以把色度拆分成两个更简单的部分:色相和饱和度(图2-21)。色相就像是颜色的名字,比如红色、蓝色、绿色,它告诉我们这是什么颜色;而饱和度就像是颜色的浓度,它决定了颜色看起来有多鲜艳或者多暗淡。

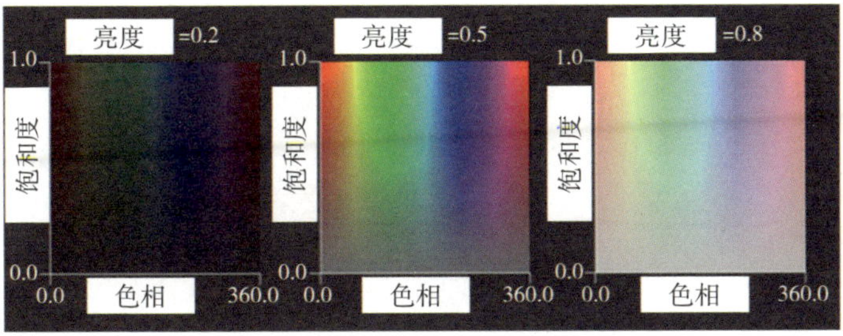

图2-21 不同亮度下的色相和饱和度示意图

2.3.6 像素栅栏

有趣的是,不管我们是在明亮的阳光下,还是在昏暗的房间里,色相和饱和度这两个“色彩指南针”都能帮助我们准确地识别颜色。就像我们在不同的亮度下看同一幅画,虽然画面的深浅可能有所不同,但我们依然能够清晰地辨认出画中的每一个色彩元素。

所以,色度就像是色彩世界的“魔法地图”,它帮助我们理解和标准化颜色的显示,而色相和饱和度则是这张地图上的两个重要标记,指引着我们探索色彩世界的每一个角落。想象一下,你正拿着一个超级放大镜,好奇地观察着电脑屏幕。你发现了什么?一个奇妙的“像素栅栏”世界!每个小像素都像是一个小小的色彩魔法盒,里面藏着红、绿、蓝三种亚像素小精灵。它们不像实验室里那纯净的单色灯光,而是更像是调色盘上的颜料,虽然纯净但总带着一丝丝与其他色彩的微妙混合。(图2-22)

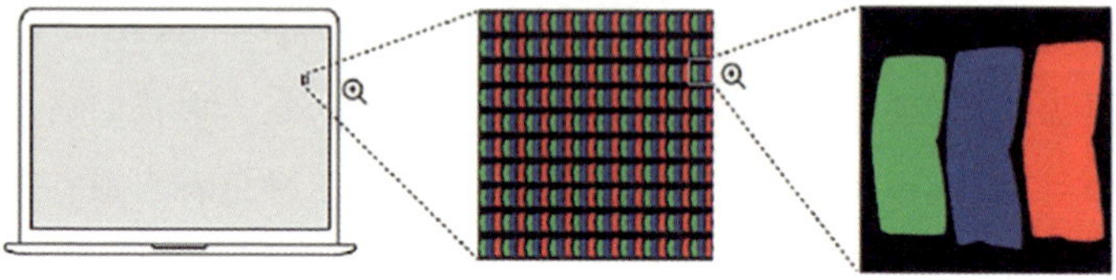

图2-22 屏幕像素栅栏

这些亚像素小精灵们，每个都有自己的光谱小天地，而且不同的屏幕设备里略有不同。（图2-23）

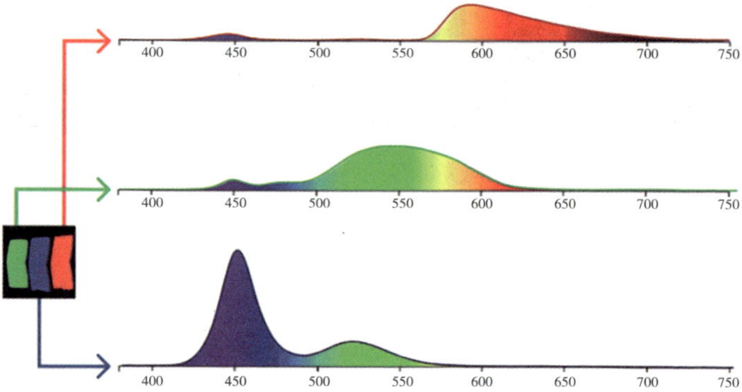

图2-23 电脑亚像素显示示意图

说到色彩，有几个色彩小精灵的名字你可得记住：色相，它是颜色的名字，比如红色小精灵、蓝色小精灵；饱和度，它是颜色的鲜艳程度，就像小精灵们穿的衣服，有的鲜艳夺目，有的则朴素淡雅；还有亮度，它是颜色的明亮程度，就像小精灵们的心情，有时闪闪发光，有时则暗淡无光。图2-24、图2-25、图2-26分别为色相、饱和度和亮度的趣味表示。

图2-24 色相显示

图2-25 饱和度显示

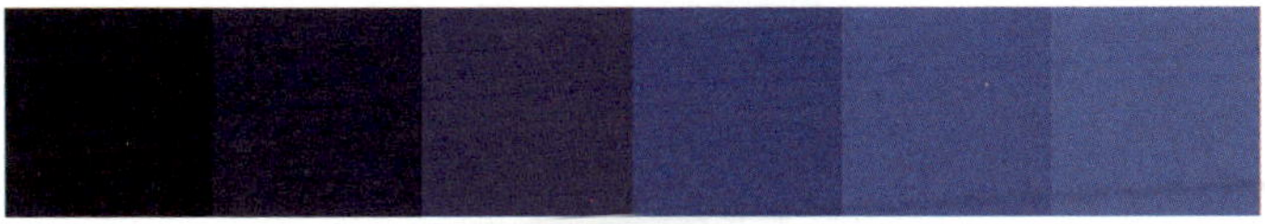

图2-26 亮度显示

2.4 颜色表示

2.4.1 颜色的表示

想象一下，你走进了一个神奇的数字色彩世界。在这里，颜色不是用“红色”“蓝色”这样的名字来称呼的，而是用一种看起来像是魔法密码的代码来称呼的。比如，#9B51E0（注：十六进制颜色代码以“#”开头），这就是一个能够召唤出特定颜色的神秘咒语。

这个魔法密码其实是由十六进制数字组成的，它们是由0到9这些普通数字和A到F这些神秘字母联手打造的。这串六位的密码可以分成三个部分，每两个字符一组，它们分别代表着红、绿、蓝这三种神奇颜色的力量。当这三种颜色以不同的比例混合在一起时，就能创造出千变万化的色彩。

想象一下，如果屏幕上没有任何光线亮起，那就像是RGB都为0的黑色#000000，一片漆黑。而如果所有的光线都亮到了极致，那就是#FFFFFF的白色，耀眼夺目。在这两者之间，只要RGB的变化保持一致，那就会呈现出不同程度的灰色。就像#00FF00代表着纯粹的绿色力量，#0000FF则是深邃的蓝色海洋。而当红色和绿色联手，#00FFFF就会召唤出最亮的青色；红色和蓝色合作，#FF00FF就能创造出最炫的品红色；绿色和蓝色携手，#FFFF00则是那最耀眼的黄色。

2.4.2 从颜色表示到人眼

现在,让我们来看看这个魔法密码是如何变成我们看到的颜色的。以#9B51E0这个咒语为例,它会先被转换成sRGB色彩空间里的(0.61,0.32,0.88)这个颜色配方,如图2–27所示。

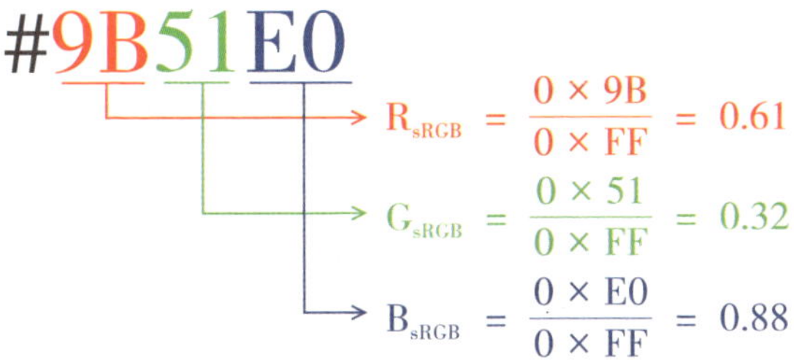

图2–27 十六机制与RGB转换

但别急,计算机还会像魔法师一样对这个配方进行微调,得到更完美的(0.33,0.08,0.88)。然后,显示器上的红、绿、蓝三个亚像素小精灵就会按照这个配方释放出特定的光线。(图2–28和图2–29)

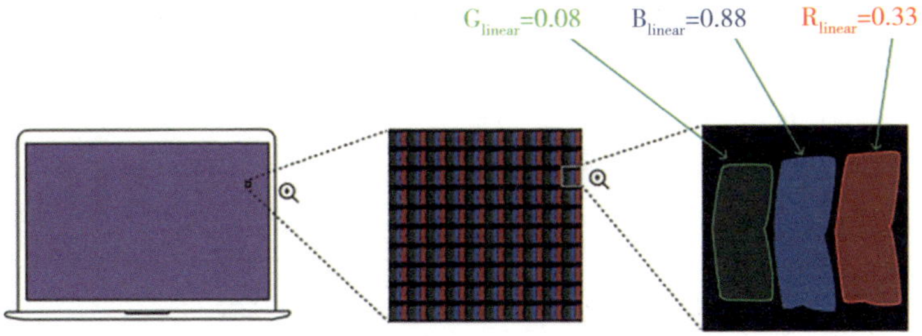

图2–28 红绿蓝光谱示意图

这些光线就像是一道道神奇的魔法光束,跳进你的眼睛,被你的视锥细胞小精灵们捕捉到,如图2–30所示。它们把这些光线的信息传递给大脑,于是,你就看到了那个独特的颜色。就像是在阅读一本魔法书,每个颜色都有它自己的故事和魅力。

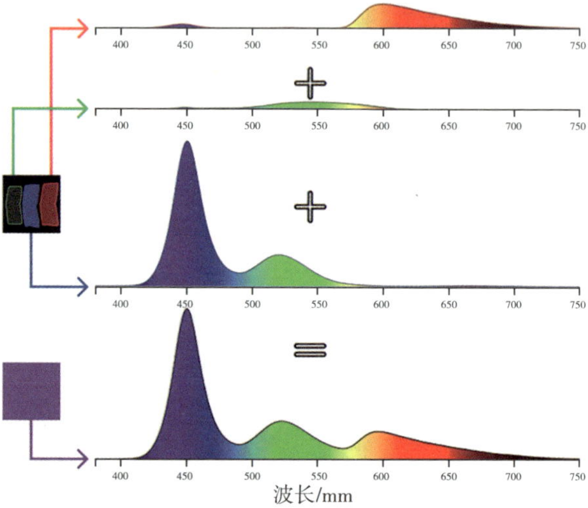

图 2-29 显示器栅栏颜色波长示意图

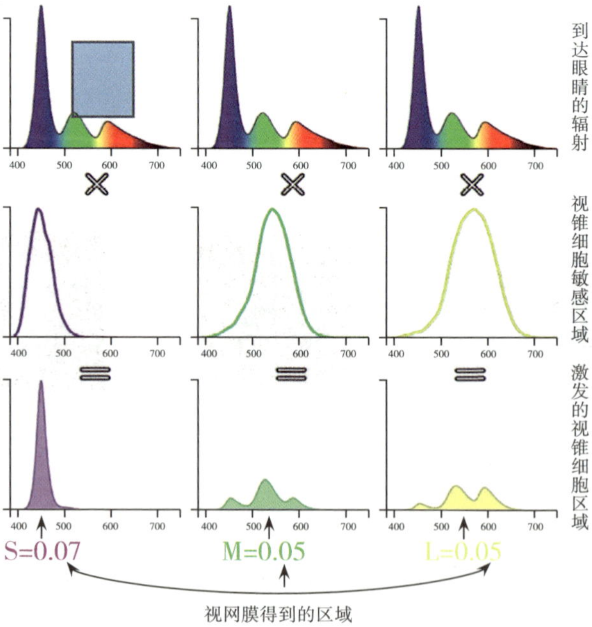

图 2-30 人眼最终看到的颜色示意图

计算机视觉

第三章 数字图像

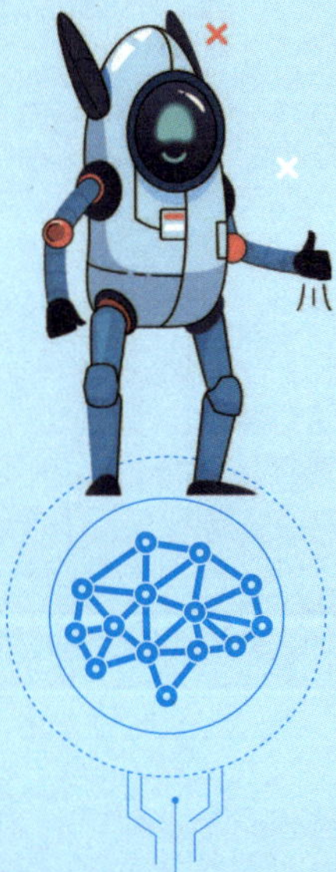

在数字时代，图像不再是静态的画面，而是由无数“数字精灵”编织的动态奇迹。这些精灵名为像素，它们是构成数字图像的基本粒子。每个像素如同微型调色师，携带着颜色与亮度的基因密码，在二维网格中精准定位，共同构建出我们眼中的视觉盛宴。

3.1 什么是数字图像

想象一下，你手中握着的不仅仅是一张普通的图片，而是一个由无数数字小精灵组成的神奇画卷——这就是数字图像。这些数字小精灵们，其实就是图像的像素，它们一个个排列得整整齐齐，每个都藏有颜色和亮度的秘密，共同编织出我们眼前丰富多彩的景象。

3.1.1 像素

像素就像是图像世界中的小小建筑师，它们是构成这幅神奇画卷最基本的单元。每个像素都像是一个小小的魔法方块，里面藏着特定的颜色和亮度信息。当这些像素小精灵们紧密地手拉手站在一起时，它们就创造出了我们看到的完整而美丽的图像。像素在图像显示和处理中起着关键作用，主要体现在以下两个方面。

1. 决定图像分辨率

这些像素小精灵们不仅数量众多，而且个个身怀绝技。它们的第一个超能力就是决定图像的分辨率。就像我们用网格纸画画一样，网格越密，我们能画出的细节就越多。图像的分辨率就是这样一个网格，它由像素数量来决定。比如常见的1920×1080分辨率，就意味着在水平方向上有1920个像素小精灵，垂直方向上有1080个，它们一共组成了200多万个像素点的大军！像素数量越多，图像的网格就越密，能够呈现的细节就越丰富，图像看起来也就越清晰。

2. 影响图像质量

像素小精灵们的第二个超能力是影响图像的质量。就像我们用不同质量的画笔画画，画出来的效果也会有所不同一样。高像素的图像就像是用了最精细的画笔，能够更好地还原图像的真实细节和色彩过渡。当我们放大图像时，就像是把画拿到眼前仔细看，这时像素数量充足的图像就能保持较好的清晰度和细节，而像素不足的图像则可能会变得模糊，甚至出现锯齿状的边缘。

说到像素，就不得不提数码相机这个神奇的设备。数码相机的分辨率和像素数量就像是它的魔法标签，告诉我们它能拍出多清晰的照片。数码相机的分辨率通常表示为水平方向和垂直方向上的像素数量，比如3840×2160、6000×4000等。这些数字越大，就意味着相机里的像素小精灵们越多，它们一起合作就能拍出更高分辨率的照片。

但是，像素数量并不是唯一的决定因素。每个像素的质量也很重要。就像我们用好的画笔能画出更细腻的颜色一样，高像素质量的相机也能更准确地捕捉光线、还原颜色和细节。如果相机的感光性能不好，或者噪声很大，那么即使像素数量很多，拍出来的照片也可能会模糊,出现色彩偏差或者细节丢失。

现在,让我们来看一张图片(图3-1)。

图3-1 示例图像

通过查看这张图片的信息,我们发现它的尺寸是409×520(如图3-2),也就是说宽度上有409个像素小精灵,高度上有520个,它们一共组成了20多万个像素点的大军!

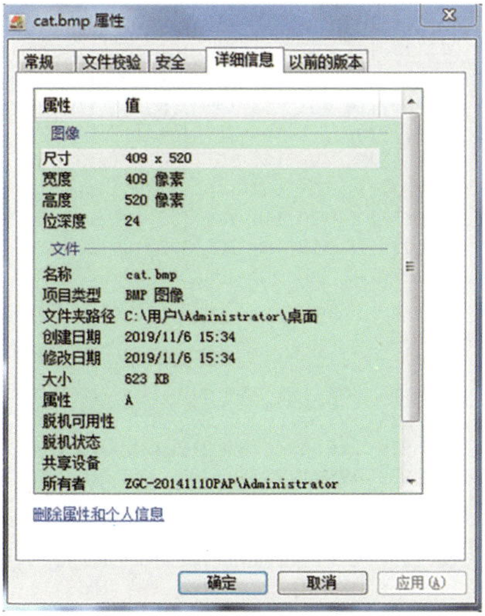

3-2 图片属性

更神奇的是，每个像素点的颜色都是由R、G、B三个小精灵来决定的。R代表红色，G代表绿色，B代表蓝色。它们就像是调色盘上的三种基本颜色，通过不同的组合和比例，就能调出千变万化的色彩。所以，一个像素点阵列就对应着三个颜色值阵列，它们也都是409×520大小的魔法矩阵。

R阵列的一部分：

227	230	251	255	241	232	241	255	255	238	238	242	242	236	235	243	250
210	247	248	250	244	234	241	255	251	233	252	249	249	249	243	239	246
223	250	241	235	253	253	251	247	238	255	252	244	247	254	254	244	240
218	236	242	240	251	229	225	254	246	255	244	233	231	241	250	249	247
201	254	244	242	240	153	157	246	236	226	254	254	246	236	239	249	249
212	233	249	228	237	150	125	182	179	220	225	254	255	245	236	249	251
241	142	251	218	249	218	146	118	126	255	137	206	252	245	237	254	255
115	102	118	231	247	249	71	237	119	175	153	153	134	116	251	233	255
236	233	105	249	228	198	250	106	96	236	92	117	231	148	129	253	253
125	240	134	249	233	249	250	101	101	99	128	171	253	123	200	91	223
235	244	250	198	231	219	76	245	158	143	236	240	232	252	222	126	237
158	246	244	241	104	154	116	78	130	91	101	249	225	216	243	252	112

G阵列的一部分：

221	218	197	220	218	219	224	212	201	225	186	196	216	189	171	214	223	185
219	201	181	179	185	218	204	223	216	210	230	172	226	239	230	199	201	213
99	122	121	96	104	127	103	121	124	98	101	117	118	119	204	236	187	206
112	99	111	124	123	103	115	102	106	121	108	112	119	212	244	206	203	201
102	125	111	103	112	98	116	108	118	105	118	97	109	197	234	223	232	112
119	104	244	201	206	217	208	211	195	129	109	117	113	250	120	114	103	113
118	105	203	208	190	205	205	198	137	102	114	115	107	108	102	112	123	104
99	110	191	207	189	202	211	205	107	113	112	204	111	113	104	115	110	116
244	210	217	179	217	218	195	120	110	115	198	181	119	107	200	226	101	116
167	205	214	209	187	209	118	118	108	105	193	169	209	253	168	241	101	128
252	221	212	237	191	205	111	90	122	206	210	193	202	200	176	198	106	99

B阵列的一部分：

220	209	187	191	241	182	165	175	181	170	170	171	179	190	188	207	191
201	201	195	184	198	215	197	171	217	225	220	199	193	185	156	175	209
207	183	167	202	165	219	216	177	204	219	218	216	217	219	206	180	179
203	194	180	198	169	239	198	195	178	207	209	230	212	199	198	175	201
185	214	219	175	176	235	202	229	176	185	108	116	106	106	122	125	107
182	210	220	168	168	178	238	198	181	228	108	110	113	111	112	116	102
207	185	221	176	164	181	237	198	173	182	105	113	118	106	113	113	108
234	199	198	178	177	168	182	213	209	186	106	106	112	196	209	166	252
228	238	231	179	189	221	200	196	196	201	119	120	114	191	170	167	162
202	199	226	254	237	213	200	214	183	227	104	100	116	169	158	178	209
194	201	217	190	188	238	242	188	180	243	121	107	119	181	181	187	175

比如，这三个阵列的第一行第一列的值分别为R，227；G，221；B，220，这三个数字就像是魔法咒语一样，召唤出了一个浅黑色的像素点。这样，我们就能准确定义每个像素点的颜色了，也就能够创造出无数美丽而独特的数字图像。

3.1.2 常见的数字图像格式

在数字图像的奇妙世界里，有着各种各样的图像格式，它们各有千秋。

一、JPEG格式

JPEG，这个听起来有点技术范儿的名字，其实是Joint Photographic Experts Group（联合图像专家组）的缩写，它就像是一群图像处理领域的魔法师，共同研发出了这种广受欢迎的图像格式。JPEG格式最大的魔法之处，就在于它的高压缩比。想象一下，你有一个巨大的图像文件，就像一块沉重的石头，而JPEG格式就像是一个神奇的压缩袋，能把这块石头瞬间变小，变得轻盈易携带。通过特定的算法，JPEG格式能将图像文件大小压缩到原来的几分之一甚至几十分之一，这样一来，我们的存储设备就能装下更多的图像，图像在网络上的传输也变得飞快，就像给图像插上了一双翅膀。

不过，这个压缩过程可不是简单的"变小"那么简单，它采用的是有损压缩方式。这就像是我们为了快速看完一本书，可能会跳过一些细节，只抓住主要的故事情节。JPEG格式在压缩图像时，也会舍弃一些不太重要的图像细节。但别担心，这种损失在多数情况下对视觉效果影响不大，我们仍然能看到清晰、色彩丰富的图像。这就像是我们虽然跳过了书中的一些细节，但仍然能理解整个故事的大意一样。

在色彩表现上，JPEG格式也是一把好手。它支持24位真彩色，这意味着它能精准地呈现约1670万种不同的颜色。这些颜色就像是一个巨大的调色盘，让我们能够创造出色彩层次丰富、过渡自然细腻的图像。想象一下，你正在欣赏一张风景照片，蓝天白云、绿树红花，每一种颜色都那么真实、那么生动，这就是JPEG格式在色彩表现上的魔力。

从应用场景来看，JPEG格式更是无处不在。在摄影领域，数码相机和手机拍摄的照片很多都以JPEG格式保存。这是因为JPEG格式不仅压缩效率高，而且色彩表现优秀，非常适合用来存储和分享照片。在互联网上，无论是网页中的图片，还是社交媒体上的照片，大多也采用JPEG格式。这是因为JPEG格式能够快速加载，提升用户的浏览体验。想象一下，你正在浏览一个网页，如果网页上的图片加载速度很慢，你是不是会感到很烦躁？而JPEG格式就能帮助我们避免这种烦恼。

在印刷领域，JPEG格式也占有一席之地。虽然对于图像质量要求极高的场景，比如高端画册、艺术品复制等，可能需要使用更精细的图像格式，但在像宣传册、海报等对图像质量要求不是顶级严苛的场景中，JPEG格式凭借其高压缩比和良好的色彩表现，仍然是一个不错的选择。

总之，JPEG格式以其高压缩比、良好的色彩表现和广泛的适用性，成为了图像存储、传输和展示的重要工具。在我们的日常生活和工作中，JPEG格式发挥着不可替代的作用，让我们能够更加方便、快捷地欣赏和分享美丽的图像。

二、BMP格式

在数字图像的大家庭里，除了我们之前提到的JPEG这位明星成员，还有许多其他各有特色的图像格式，它们就像是不同口味的糖果，各有各的美味。接下来，让我们一起来探索BMP这种图像格式的奇妙之处吧！

BMP堪称“细节大师”，全称Bitmap（位图），是一种与硬件设备无关的图像文件格式。它就像是一位细心的画家，用二进制位为图像中的每一个像素都精心绘制了一幅小画。这样的记录方式，使得BMP格式能够精确地捕捉图像的每一个细节，保持图像的原始清晰度和色彩准确性。想象一下，你正在欣赏一幅细腻入微的画作，每一个笔触、每一个色彩都清晰可见，这就是BMP格式带给我们的视觉盛宴。不过，这位“细节大师”也有它的小缺点，那就是它的作品——图像文件，体积往往比较大。尤其是对于高分辨率、真彩色的图像，BMP格式的文件就像是一个贪吃的小胖子，占用了不少存储空间。因此，在网络传输和存储方面，BMP格式就显得有些力不从心了。但是，在一些对图像质量要求极高、对文件大小不太敏感的场合，比如专业图像编辑的原始素材保存，工业设计、医学影像等领域，BMP格式仍然是不可或缺的选择。

三、GIF格式

让我们欢迎GIF这位“动画小能手”登场。GIF，全称Graphics Interchange Format（图形交换格式），就像是一位擅长制作动画的魔术师。它采用LZW无损压缩算法，能够在保证图像质量的同时，有效缩减文件大小，让动画可以在网络上快速传输和加载。GIF格式的一个独特魅力在于它支持动画功能，可以将多幅图像组合成一个动画序列，通过按顺序显示这些图像来创建动态效果。想象一下，你正在浏览一个网页，突然一个活泼可爱的动画表情包跳了出来，这是不是让你眼前一亮？这就是GIF格式动画的魔力所在。不过，这位“动画小能手”在色彩表现上却有些局限，它最多只能显示256种颜色，这就像是一个调色盘上的有限颜色，无法绘制出色彩丰富、细腻的图像。因此，GIF格式更适合用于制作简单的动画、表情包、网页动图等，而不太适合用于存储色彩复杂、细腻的图像。

四、PNG格式

让我们来认识一下PNG这位“透明精灵”。PNG，全称Portable Network Graphics（可移植网络图形格式），就像是一位擅长透明魔法的精灵。它于1995年正式登场，是为了替代GIF格式而开发的。PNG格式采用无损压缩算法，能够在不损失图像质量的前提下减小文件储存空间，这使得图像在压缩后仍能保持清晰、细腻的效果。而且，PNG格式还支持多种色彩模式，包括24位真彩色、灰度图像以及带有透明度通道的图像。特别是它的透明通道功能，就像是为图像披上了一层神秘的面纱，让图像中的某些部分能够呈现透明效果。想象一下，你正在设计一个网页，需要一个与不同背景都能自然融合的图标，这时PNG格式的透明图像就像是一位隐形的助手，帮助你实现了这个愿望。因此，PNG格式在互联网领域应用广泛，特别是在网页设计中，常被用于制作透明背景的图标、按钮等元素。同时，在图像编辑、UI设计、数字绘画等领域，PNG格式也是设计师们常用的存储格式之一。

3.2 图像预处理

在探索计算机视觉的奇妙之旅中,图像预处理就像是一位细心的园丁,为后续的图像分析工作打下坚实的基础。想象一下,你手中有一幅色彩斑斓的画卷,但计算机在处理这幅画时,却需要面对海量的数据和信息。这时,图像预处理就派上了大用场,它像一位智慧的老者,教会计算机如何"减负",使其更加高效地识别和分析图像中的关键信息。

3.2.1 灰度化

灰度化就是图像预处理中的一项重要技巧,它就像是给计算机戴上了一副特制的眼镜,让计算机能够更清晰地看到图像的本质。想象一下,你正在尝试在一片五彩斑斓的花海中寻找一朵特定的花,这时,如果有一副眼镜能让你只看到花的轮廓和形状,而忽略掉那些杂乱的色彩,是不是会让你的寻找变得更加轻松呢?灰度化就是这样一副"眼镜",它帮助计算机从复杂的彩色图像中抽离出来,专注于物体的轮廓和边缘等关键特征。

一、简化数据处理

灰度化之所以重要,首先是因为它能够简化数据处理。彩色图像包含红、绿、蓝三个颜色通道，每个通道都承载着大量的数据。而灰度化就像是把这些复杂的彩色拼图一块块地拆掉，重新组合成一个简单的黑白拼图。这样一来，计算机处理起来就更加轻松，运算速度也会大大提升。这就像是你正在尝试解决一个复杂的数学问题，如果能把问题分解成一个个小步骤，逐个击破，是不是会让你觉得更加得心应手呢？

二、突出物体轮廓

此外，灰度化还能突出物体的轮廓和边缘。在彩色图像中，物体的轮廓和边缘往往会被各种颜色所掩盖，而灰度化则像是一把神奇的刷子，把这些轮廓和边缘清晰地勾勒出来。就像是一幅黑白素描画，虽然没有颜色，但却能更加生动地展现出物体的形状和线条。计算机也更容易捕捉到这些关键特征，从而更好地判断物体的形状、大小和位置。

三、减少光照影响

灰度化还能在一定程度上减少光照对图像的影响。在不同的光照条件下，彩色图像的颜色会发生很大的变化，这给计算机的识别带来了很大的困难。而灰度化就像是给图像穿上了一层"防晒衣"，能够在一定程度上抵御光照的干扰。无论是在强光下还是弱光下拍摄的同一物体，灰度化后的图像差异都会相对较小，这使得计算机能够更容易地根据稳定的特征来识别物体。

四、图像灰度化的实现方法

那么，计算机是如何实现图像灰度化的呢？其实，这个过程并不复杂。计算机会把彩色图像中的每个像素点的红、绿、蓝三个通道的信息，通过一定的算法转换为一个单一的数值，这个数值就是灰度值。就像是我们把一个复杂的彩色拼图拆散后，重新组合成一个简单的黑白拼图一样。不过，并非所有的灰度化方式都是简单让RGB值相等。比如，加权平均法就是一种更加精细的灰度化方法。它会根据人眼对不同颜色的敏感度，按照一定的权重来计算灰度值。这样一来，灰度化后的图像就会更加贴近人眼的视觉感受。

灰度图像就像是一幅用不同程度的灰色调绘制的画卷。它以黑色和白色为基准，通过从白到黑不同亮度的灰色来展示图像。每个灰度像素都有一个亮度值，取值范围从0（代表黑色）到255（代表白色）。就像是我们用黑白或灰度扫描仪生成的图像一样，它们通常都是以灰度的形式显示。

图3-3 灰度条

使用灰度还可以将彩色图稿转换为高质量的黑白图稿，放弃原始图稿中的颜色信息，转而通过转换对象的灰色级别（阴影）来表示原始对象的亮度。这样一来，即使是一幅色彩斑斓的画卷，也能在灰度化的处理下，展现出别样的韵味和魅力。（图3-3）

下面我们来看一个例子：

图3-4 示例图

这是一幅在图像领域很有名的图片（图3-4），我们可以用不同的灰度转换方法，来看看效果会有什么不一样，具体如图3-5和图3-6所示。

图3-5 平均法灰度转换效果

图3-6 最大最小平均法灰度转换效果

3.2.2 直方图

在奇妙的计算机视觉世界里，灰度转换方法就像是一位魔术师手中的魔杖，轻轻一挥，就能让彩色图像瞬间变成灰度图像。然而，这位魔术师似乎并不太在意他使用的具体魔法——不同的灰度转换方法，虽然计算方法各异，但在我们人眼看来，它们变出的“戏法”却差别不大。有时候，我们甚至需要仔细端详，才能勉强分辨出其中的微妙差异。

一、从数据统计角度

想象一下，你手中有一幅色彩斑斓的画卷，突然之间，它变成了一幅只有黑白灰的素描。尽管不同的灰度转换方法可能让这幅素描在细节上有所不同，但大体上，它仍然是一幅充满艺术感的黑白作品。这时，你可能会想，既然人眼看不出太大区别，那这些灰度转换方法是不是都差不多呢？

其实不然。虽然人眼难以察觉其中的微妙差异,但计算机却能敏锐地捕捉到这些变化。不同的灰度转换方法会对图像的细节和特征产生不同的影响,从而影响后续的图像分析和识别工作。这就像是我们品尝一道美食,虽然不同的人可能尝不出太大的区别,但厨师在烹饪过程中使用的调料和火候却会对美食的口感和风味产生深刻的影响。

说到灰度图像,我们不得不提到一个有趣的概念——二值图像。听起来很神秘,但实际上,它就是灰度图像的一种特殊形式。在二值图像中,灰度值只有两个极端:0和255。0代表黑色,就像深夜中的一片漆黑;而255则代表白色,就像午后的阳光般耀眼。因此,二值图像也被称为“真正的黑白图像”。

那么,如何将一幅灰度图像转换成二值图像呢?这需要一个简单的魔法——设定一个阈值T。这个阈值T就像是一道神奇的界限,将灰度图像中的像素点一分为二。当某个像素点的灰度值大于T时,它就会被赋予一个新的身份——白色(255);反之,当灰度值小于T时,它就会变成黑色(0)。就这样,一幅充满艺术感的灰度图像就被神奇地转换成了一幅简洁明了的二值图像。

想象一下,你正在欣赏一幅细腻的灰度素描画,突然之间,画面上的所有细节都变得清晰明了起来。原本模糊的轮廓变得棱角分明,原本暗淡的色彩也被鲜明的黑白所取代。这就是二值图像的魔力所在。它用最简单的色彩和形状,展现了图像的本质和特征,让我们能够更加直观地理解和分析图像中的信息。

在图3-7中,我们就可以看到一幅典型的二值图像。这幅图像中的物体和背景都被清晰地勾勒出来,形成了鲜明的对比。这正是二值图像的魅力所在——它用最简单的色彩和形状,展现了图像最本质的特征和轮廓。就像是一幅精心雕琢的黑白木雕,虽然没有华丽的色彩和复杂的细节,但却充满了艺术感和生命力。

图3-7 二值转换后的效果

3.2.3 直方图

在探索计算机视觉的奇妙世界时,我们经常会遇到一位默默无闻却极其重要的角色——直方图。它就像是一位细心的统计员,默默记录着图像中每个像素的特征分布,为我们揭示图像背后的秘密。

一、从数据统计角度

想象一下,你手中有一幅美丽的画卷,但计算机却只能看到上面的数字——那些代表像素值的数字。这时,直方图就像是一位翻译,它把这些数字转换成了一种直观的图形,让我们能够一目了然地看到图像中像素的分布情况。

从数据统计的角度来看，直方图就像是一位细心的会计师，它统计着图像中每个灰度级（或颜色通道）所对应的像素数量。就像是在数一堆五彩斑斓的豆子，分别记录每种颜色的豆子有多少颗。在灰度直方图中，横坐标代表着灰度值，从0到255，纵坐标则代表着对应灰度值的像素数量。如果一幅图像中有很多灰度值为128的像素，那么在直方图上，灰度值128对应的位置就会有一个高高的柱子。

二、从图像特征角度

从图像特征的角度来看，直方图就像是一位经验丰富的画家，它通过观察像素的分布情况，就能判断出图像的整体亮度、对比度等重要特征。如果一幅图像的直方图峰值偏向高灰度值，那么这幅图像就会显得偏亮；如果峰值偏向低灰度值，那么图像就会显得偏暗。同时，直方图的分布还能反映出图像的对比度。如果分布比较集中，说明图像的像素值变化较小，对比度较低；而如果分布较为分散，则意味着图像具有较高的对比度，包含更多的细节信息。

三、从可视化角度

直方图的可视化功能更是让它成为了一位出色的讲解员。它以图形化的方式呈现数据，让人们能够快速直观地了解图像的像素分布特点。就像是在看一张图表，横坐标是像素值或特征值，纵坐标是对应的像素数量或频率。这种直观的表示方法让计算机视觉算法的开发者和研究人员能够更好地理解图像数据，为后续的图像处理、分析和算法设计提供依据。

四、从特征提取角度

除此之外，直方图还可以作为一种图像特征提取的方法，用于图像识别、分类等任务。就像是我们通过观察一个人的外貌特征来识别他一样，计算机也可以通过比较不同图像的直方图特征来判断它们之间的相似性。这种特征提取的方法让计算机能够更加智能地处理和分析图像数据。

其实，直方图就是对数据进行统计的一种方法，只不过它把这些统计值组织到了一系列事先定义好的条目中。这些数据可以是梯度、方向、色彩或其他任何特征。无论如何，直方图获得的都是数据分布的统计图，而且它的维数通常要低于原始数据，这使得它能够在保留关键信息的同时，减少数据的复杂性。

五、相关的例子

在图3-8中，我们可以看到一幅典型的图像直方图。这幅直方图就像是一幅图像的“指纹”，它标绘了图像中每个亮度值的像素数。横坐标的左侧代表着纯黑和较暗的区域，而右侧则代表着较亮和纯白的区域。通过观察这幅直方图，我们可以大致判断出一幅图像的明暗程度和对比度等信息。比如，如果一幅图像的直方图数据多集中于左侧和中间部分，那么这幅图像就会显得比较暗；而如果数据多集中于右侧，那么图像就会显得比较亮。

图3-8 图像直方图示意

在计算机视觉领域，直方图还有着许多重要的应用。比如，在进行图像分割时，我们可以通过观察直方图的形状来确定合适的阈值；在进行图像检索时，我们可以通过比较不同图像的直方图特征来判断它们之间的相似性。可以说，直方图是计算机视觉领域中一位不可或缺的重要角色。

六、直方图的均衡化

你知道吗？直方图不仅能帮助我们了解图像，还能让图像变得更加生动、清晰。这背后的魔法，就是直方图均衡化。

想象一下，你手中有一幅暗淡无光的图像，就像是被乌云笼罩的风景。这时，直方图均衡化就像是一束阳光，穿透了云层，能让图像重新焕发光彩。在图3-9中，我们看到了不同光照和对比度下图像的直方图。有的图像直方图集中在低灰度值区域，显得暗淡；有的则集中在高灰度值区域，过于明亮；还有的直方图分布狭窄，对比度低。而最理想的直方图，就像是连绵的山脉，从低灰度值到高灰度值都有分布，这样的图像看起来最清晰。

图3-9 不同光照等条件下图像的直方图示意

但是,并不是所有的图像都能拥有这样的直方图。那么,我们能不能通过什么方法,让不太满意的图像尽量接近这样的效果呢?答案就是直方图均衡化。

直方图均衡化的过程，就像是一位魔法师在调整图像的亮度分布。它首先会计算原始图像的直方图，了解每个灰度值的像素数量。然后，它会计算累计直方图，就像是在统计每个灰度值之前的所有像素数量之和。有了这些信息，魔法师就能施展魔法了——它使用一个变换函数，根据累计直方图计算每个灰度值的新值。这个新值，就是让图像变得更加清晰的关键。

为了让你更好地理解这个过程，我们来看一个例子（图3-10）。假设你有一幅灰度图像，大小为4×4，亮度值如下：

12，56，34，78

90，56，23，67

45，89，34，90

12，34，56，78

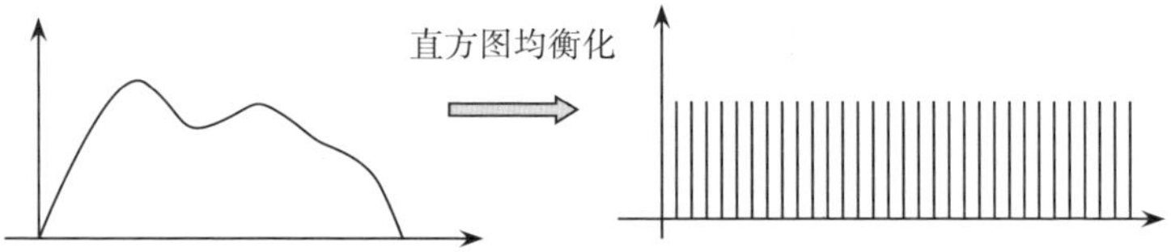

图3-10 图像直方图均衡化原理示意

魔法师首先会计算这幅图像的直方图，统计每个亮度值的像素数量。然后，它会计算累计直方图，就像是在给每个亮度值排队，看看它们前面有多少“人”。接下来，魔法师会使用一个公式，根据累计直方图计算每个灰度值的新值。这个公式就像是一个魔法咒语，让原始的灰度值变成了一个新的、更合适的值。使用累计直方图计算每个灰度值的新值，公式如下：

$$\text{新亮度值}=\frac{\text{累计像素数量}-\text{最小累计像素数量}}{\text{总像素数量}-\text{最小累计像素数量}}\times 255$$

在这个例子中，总像素数量为16，最小累计像素数量为2。

计算过程及结果如表3-1所示。

表3-1　直方图均衡示例

原图灰度值	各灰度级像素数量	累计像素数量	新亮度值
12	2	2	0
23	1	3	17
34	3	6	68
45	1	7	85
56	3	10	136
67	1	11	153
78	2	13	187
89	1	14	204
90	2	16	255

最后将原始图像中的亮度值替换为计算得到的新亮度值，得到均衡化后的图像：

0，	136，	68，	187
255，	136，	17，	153
85，	204，	68，	255
0，	68，	136，	187

经过魔法师的调整，原始的灰度值被替换成了新的亮度值。就像是在给图像穿上了一件新衣服，让它看起来更加鲜艳、生动。在图3-11中，我们可以看到直方图均衡化前后的效果对比。均衡化后的图像，直方图分布更加均匀，图像的对比度得到了增强，细节也更加清晰。

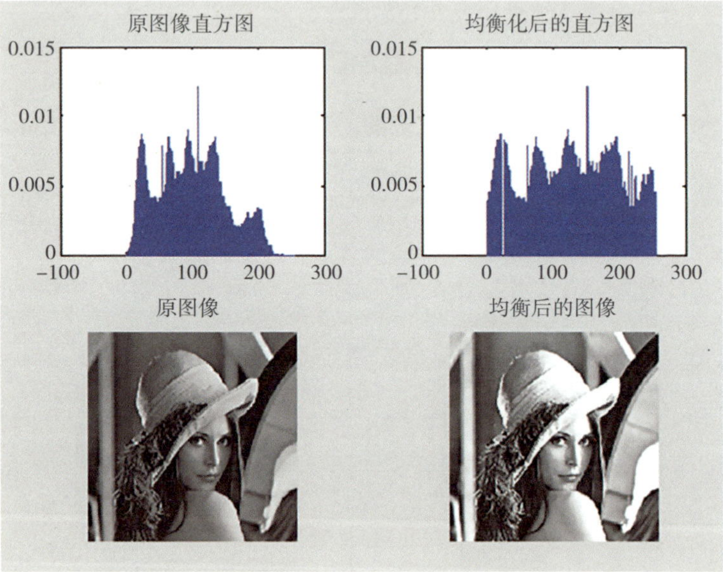

图3-11 直方图均衡化效果示意

当然，实际的直方图均衡化并不一定能得到完全平坦的直方图。就像是在现实生活中，我们不能总是得到完美的结果。但是，均衡化确实有助于图像直方图的延展，让图像的灰度级范围更宽。这样一来，图像看起来就会更加有层次感、更加生动。

所以，直方图均衡化就像是一位魔法师，在调整图像的亮度分布上施展着它的魔法。让我们手中的图像，无论原本多么暗淡无光，都能焕发出新的光彩。

3.2.4 图像噪声

一、图像噪声的表现

图像噪声就像是一个不速之客，悄悄地在我们的图像上留下了它的痕迹。想象一下,你正在欣赏一幅美丽的风景画,但突然之间,发现画面上出现了一些莫名其妙的斑点,就像是有人不小心撒了一把芝麻上去。这些斑点,就是图像噪声。

图像噪声,有时像是图像上的一层薄雾,让原本清晰的画面变得模糊起来。有时也可能是一些明暗不同的斑点,随机分布在图像上,让图像看起来像是被污染了一样。有时也可能让图像变得像是由许多细小的颗粒组成的一样,尤其是在光线不好的情况下拍摄的照片,这种颗粒感会更加明显。图像噪声不仅会降低图像的质量,还会影响我们的视觉体验,甚至给后续的图像处理和分析带来麻烦。

二、图像噪声的来源

那么,这些图像噪声是从哪里来的呢？其实,它们的来源多种多样。比如,当我们用数码相机拍照时,相机的传感器在光电转换过程中就会产生噪声,就像是在制作图像的过程中混入了一些杂质。这些噪声可能来自传感器的热运动、光子的随机特性,或者是电路系统的干扰。此外,图像在传输和存储过程中也可能会受到各种电磁干扰、信号衰减等因素的影响,从而引入噪声。

图像噪声的种类也很多,并且各有各的特点。比如高斯噪声,就像是图像上的一群调皮的小芝麻,它们随机分布在图像上,让图像的灰度值产生随机的波动。椒盐噪声,则像是图像上的一些黑白小点点,它们像椒盐一样随机撒在图像上,让图像看起来杂乱无章。泊松噪声,主要出现在低光照条件下,它会让图像出现颗粒感,就像是图像被一层细细的沙子覆盖了一样。而乘性噪声,则像是图像上的一个调皮的魔法师,它会改变图像的细节和对比度,让图像看起来更加诡异。

三、图像噪声的分类

为了让你更好地理解图像噪声，我们来看一些例子。在图3-12中，我们可以看到一幅原始的灰度图像，它的边界分明，没有无意义的点或者阴影，质量是比较高的。但是，当这幅图像受到各种噪声的污染时，它就会变得面目全非。比如，高斯噪声让图像上出现了许多随机分布的明暗斑点，就像是在图像上撒了一把芝麻一样。泊松噪声让图像变得像是由许多细小颗粒组成，尤其是在暗部区域，这种颗粒感更加明显。乘性噪声改变了图像的细节和对比度，让图像看起来更加模糊和诡异。而椒盐噪声则像是一些黑白小点点随机撒在图像中，让图像看起来显得杂乱无章。

图3-12 原始图像

接下来，我们看看，如果图片出现这些噪声，会变成什么样子。

(一)高斯噪声

图3-13 高斯噪声

高斯噪声,这个在图像和信号领域中非常常见的噪声类型,它的表现就像是一群调皮的小芝麻在图像上乱跑(图3-13)。这些小芝麻的分布是杂乱无章的,可能会在图像的任何位置出现。它们会让图像的灰度值产生随机的波动,原本应该是均匀灰度的区域,可能会因为高斯噪声的存在而出现灰度值的起伏。从统计的角度来看,高斯噪声的概率密度函数服从高斯分布,也就是说,噪声的取值在某个均值附近的概率最大,离均值越远,出现的概率越小。这就好像大多数噪声的强度都集中在一个中等水平,特别强和特别弱的噪声相对较少。

那么,高斯噪声是怎么产生的呢?其实,它的原因多种多样。比如,传感器的热运动就像是一群调皮的孩子在操场上乱跑,干扰了正在进行的有序活动一样,从而在图像上产生了高斯噪声。光子的随机特性也让在光线较暗时到达传感器的光子数量产生随机波动,这种数量的随机变化就形成了高斯噪声。此外,电路系统的干扰也会混入图像信号中,就像在干净的水流中混入了一些杂质一样,最终在图像上表现为高斯噪声。

虽然图像噪声给我们的图像带来了一些不必要的干扰,但别担心,计算机视觉领域有许多方法可以帮助我们去除这些噪声,让图像重新变得清晰起来。

(二)泊松噪声

我们已见识过高斯噪声这位“调皮的芝麻精灵”,接下来,让我们继续探索图像世界的另一位不速之客——泊松噪声。想象一下,你正在欣赏一张古老的天文照片,那些遥远的星系本该清晰而神秘,但画面上却布满了细小的、一闪一闪的颗粒,就像是夜空中最不起眼的星星在跟你捉迷藏。这些颗粒,就是泊松噪声的效果。它们让图像看起来像是被一层细腻的砂纸轻轻打磨过,原本应该平滑的区域变得凹凸不平,亮度也变得不再均匀,就像墙壁上的颜色被调皮的孩子用画笔随意点缀了几笔。更糟糕的是,这些噪声还会让图像的细节变得模糊不清,就像给图像披上了一层薄纱,让人难以窥见其真实的面貌,如图3-14所示。

图3-14 泊松噪声

泊松噪声之所以会产生，其实是因为光子这个微观世界的“小淘气”。在成像过程中，光子到达传感器的过程就像是一场随机的舞蹈，每个光子都有自己的节奏和步伐。当光子总量较少时，这种随机性就会更加明显，导致图像上不同位置接收到的光子数量差异较大，从而产生泊松噪声。此外，成像设备中的电子器件和量子效应也会在这场舞蹈中“添乱”，使得图像信号在传输和处理过程中被引入更多的随机性，最终呈现出我们看到的颗粒状外观。

(三)乘性噪声

接下来，让我们转向乘性噪声这位“对比度魔术师”(图3-15)。它就像是一位喜欢恶作剧的画家，在图像的对比度上大做文章。原本明暗分明的区域，在乘性噪声的“魔法”下，亮的部分变得更加刺眼，暗的部分则更加深邃，对比度被无限放大，让图像看起来既刺眼又混乱。更糟糕的是，它还会让图像中的纹理变得扭曲、模糊，就像是一幅被随意涂抹的抽象画，让人难以辨认其原本的面貌。在彩色图像中，乘性噪声还会引发色彩失真，让图像的颜色变得怪异而不自然，就像是调色盘被打翻了一样。

图3-15 乘性噪声

乘性噪声的产生，往往与图像传输介质、成像设备内部因素以及后续处理算法等因素有关。就像是在图像传输的道路上设置了一些随机的“陷阱”，让信号在传输过程中被随机地放大或缩小；或者是在成像设备的“内部工厂”里，有些“工人”偷懒或出错，导致图像质量下降；再或者是后期处理过程中的“小失误”，让图像在压缩和解压缩过程中丢失了一些重要的信息。

（四）椒盐噪声

最后，让我们来认识一下椒盐噪声这位“黑白双煞”（图3-16）。

它就像是一位喜欢恶作剧的孩子，在图像上随意撒下一把黑白相间的“椒盐”，让图像看起来既粗糙又“脏”。这些黑白噪点随机分布在图像的各个位置，就像是在平静的湖面上投下了一颗颗石子，激起层层涟漪。它们不仅让图像的细节被掩盖，还严重影响了图像整体的美观度和清晰度。在拍摄人物照片时，椒盐噪声可能会让人物的面部、衣服甚至背景都出现一些突兀的白色或黑色小点，让人不禁怀疑这张照片的真实性。

椒盐噪声的产生，往往与图像传感器问题、数据传输错误以及外部干扰源有关。就像是在图像传感器的“小团队”里，有几个“成员”出了问题，导致整个图像出现了瑕疵；或者是在数据传输过程中，有些信息被“弄丢”或“搞错”了；再或者是外界的一些干扰源，如强电磁场、不稳定的光照条件等，在暗中作祟，让图像变得不再完美。

图3-16 椒盐噪声

计算机视觉

第四章 图像处理

图像处理像一位细心的工匠，精心雕琢着每一幅图像，使其更加完美无瑕。想象一下，一张模糊的照片，在图像处理技术的魔法下，瞬间变得清晰，仿佛时间倒流，重新捕捉到了那一刻的美好。不仅如此，图像处理还能调整图像的对比度、亮度和色彩，让平淡无奇的画面焕发出勃勃生机，色彩鲜艳得如同刚从画家的画板上跃然而出。

4.1 图像处理基础

图像处理的基础操作之一，就是卷积处理。卷积，听起来像是数学课本里的高深概念，但实际上，它就像是给图像戴上了一副神奇的“眼镜”，让我们能更清晰地看到图像中的秘密。

4.1.1 卷积处理图像

如果我们有一把神奇的“特征探测器”，能够在图像中穿梭，发现并增强我们感兴趣的部分，那该多有趣呢？这个神奇的“特征探测器”，其实就是卷积核，它在图像处理中扮演着举足轻重的角色。

一、基本概念

卷积核，这个听起来有点专业的小家伙，其实就是一个有特定样式的小矩阵，我们可以把它想象成一个有魔力的“小窗户”。这个小窗户里藏着一些预先设定好的数值，就像是一个个精心编排的密码，等待着我们去解读。当这个小窗户在图像上滑动时，它会根据这些数值对图像的每个像素及其周围的像素进行加权求和，从而生成一张全新的图像。这个过程，就像是一个精心策划的寻宝游戏，我们不断地在图像中寻找和提取那些隐藏的秘密。

你可能会好奇，这个卷积核到底能探测到什么呢？嘿，它的本事可大了去了！不同的卷积核就像不同的侦探，有的擅长寻找图像中的边缘，比如物体的轮廓；有的则喜欢追踪图像中的角点，比如桌子的角落；还有的卷积核就像是魔法师，能让图像变得更清晰或者更模糊。是不是很神奇？

说到这，你可能会想，这个卷积核的大小是不是很重要呢？没错，卷积核的大小通常是奇数，比如3×3、5×5等，这样设计是为了确保有一个明确的中心像素，就像是我们寻宝游戏中的目标点。每当卷积核在图像上滑动时，它都会以这个中心像素为基准，进行加权求和的操作。

其实，卷积核还有一个更接地气的名字——模板。当我们说用模板处理图像的时候，其实就是在用卷积核进行操作。这个过程，就像是我们用一块特制的玻璃片去观察一张图片，透过这块玻璃片，我们能够看到图片中那些平时不易察觉的细节和特征。

二、操作步骤

那么，卷积运算到底是怎么进行的呢？很简单，我们可以把卷积核想象成一个在图像上到处溜达的“小窗户”。这个小窗户会先停在图像的一个位置上，让它的中心和图像上的一个像素对齐。然后，小窗户里的每个数值都会和它下面对应的图像像素值相乘，再把这些乘积都加起来，得到的和就作为图像上那个中心像素的新值。接着，小窗户就会按照从左到右、从上到下的顺序，在图像上一个像素一个像素地滑动，重复刚才的相乘、相加操作，直到把整个图像都处理完。

通过卷积运算，我们可以用不同的卷积核(模板)来改变图像的像素值，从而实现各种图像处理的目的。这样一来，照片里的细节可能就会变得更明晰，就像是被魔法点亮了一样。

总之，卷积处理图像就像是一场充满乐趣的探险之旅，我们用卷积核这个“特征探测器”在图像中寻找和提取那些隐藏的秘密。在这个过程中，我们不仅能够学习到许多有趣的图像处理知识，还能够领略到计算机视觉的无限魅力。

举个例子来说，如果我们想要把一张有点模糊的照片变得清晰一些，就可以用一个合适的卷积核来对照片进行卷积运算。这个小窗户会在照片上到处“溜达”，通过计算每个位置的像素值，最终生成一张更加清晰的照片。在这个过程中，照片里的细节可能会变得更加明显，就像是被一双无形的手擦拭过一样。

三、卷积处理图像的优势

1.局部特征提取

卷积处理图像的第一个超能力是局部特征提取。想象一下，你正在用显微镜观察一张图片，卷积核就像是那个显微镜的镜头，它能够精准地捕捉到图像的局部特征，比如边缘、角点和纹理。这些特征就像是图片中的密码，对于理解和分析图片至关重要。就像侦探通过线索破案一样，计算机视觉系统也能通过这些特征来“读懂”图片。

2.并行计算

卷积的超能力之二：并行计算。卷积运算就像一个超级高效的团队，成员们（即处理器或GPU）可以同时工作，互不干扰。这意味着处理速度可以飞快，就像闪电侠一样，在眨眼间就能完成复杂的图像处理任务。这种并行性让卷积运算在处理大规模图像数据时如鱼得水，能轻松应对各种挑战。

3.参数共享

再来说说卷积的第三个超能力：参数共享。这听起来可能有点抽象，但想象一下，你有一个神奇的印章，每次盖章都能得到相同的效果。卷积核就像这个印章，它在整个图像上滑动时，使用的参数都是相同的。这不仅大大减少了模型的参数数量，降低了计算量和复杂度，还像魔法一样防止了过拟合，让模型更加稳健和准确。

四、应用

现在，让我们来看看卷积处理图像的一些实际应用吧！首先，图像滤波就像是给图片做一次美容，通过平滑、锐化、去噪等操作，让图片看起来更加美观和清晰。这就像是你用美颜相机拍照一样，能瞬间提升图片的视觉效果。

其次，特征提取是计算机视觉任务中的关键步骤。在目标检测、图像分类、语义分割等任务中，卷积神经网络（CNN）就像是一个超级大脑，通过多层卷积操作自动提取图像的高层语义特征。这些特征就像是图片中的DNA,让计算机能够准确地理解和分析图片。

最后,卷积操作还能用于图像生成。在生成对抗网络等模型中,卷积就像是一个神奇的画笔,能够生成具有特定风格或内容的图像。这就像是你用画笔在纸上创作一幅画一样,卷积操作能够创造出令人惊叹的图像作品。

五、操作实例

为了更好地理解卷积运算的过程,我们来看一个实例(图4-1)。操作步骤为:(1)模板在输入图像上移动,让模板中心依次与输入图像的每个像素重合;(2)模板系数与跟模板重合的输入图像的对应像素相乘,再将乘积相加;(3)把结果赋予输入图像,其像素位置与模板中心在输入图像上的位置一致。

在这个过程中,你可能会注意到原图像进行了边界扩展(就像给图片穿上了一圈灰色的边),这是为了保持卷积后的图像与原图像大小相同。通过卷积运算,我们可以得到一张模糊的图像,就像是用柔焦镜头拍摄的照片一样(图4-2)。注意,原图像进行了边界扩展(灰色部分),目的是保持卷积后的图像与原图像大小相同。

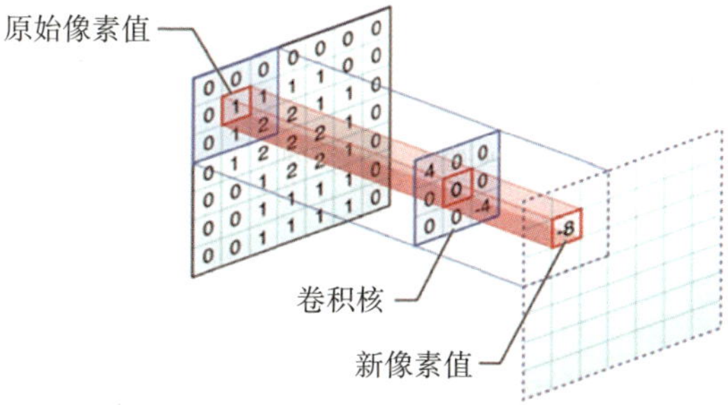

图4-1 卷积运算原理示意

5	5	5	5	8	8	8
5	5	5	5	8	8	8
5	5	5	5	8	8	8
5	5	5	1	7	8	8
5	5	5	6	8	8	8
3	3	8	8	8	8	8
3	3	8	8	8	8	8

（1）输入图像的像素值

0	–1	0
–1	0	1
0	1	0

（2）卷积核（模板）

0	0	3	3	0
0	0	–1	2	0
0	–4	3	7	1
–2	4	10	3	0
3	8	2	0	0

（3）模板卷积结果

图4–2 卷积运算过程示意

一般而言，图像的中两个像素相距越近，它们有联系的可能性就越大，那么我们可以认为一个点同它周围的几个点联系最多。因此，我们可以通过一个核心点和它周围的点的像素值计算，得到新的图像的像素值。

4.2 滤波

在我们日常的数字生活中,图像无处不在,它们记录着我们的欢笑与泪水,也传递着丰富的信息和故事。然而,这些图像在它们的诞生、旅行和定居过程中,却常常遭遇一些不速之客——噪声。它们就像是图像世界中的小捣蛋鬼,由那些不那么完美的设备——比如偶尔失焦的相机、偶尔卡顿的网络,或是偶尔犯迷糊的硬盘——悄悄带入。

想象一下,如果你拍了一张照片,但相机镜头有点灰尘,或者照片在通过网络发送时遇到了点小波动,再或者保存照片的硬盘有点"健忘",那么,你的照片上可能就会出现一些奇奇怪怪的小点或小块,它们就是噪声的"杰作"。这些噪声就像是图像中的"外来户",与我们真正想要欣赏的图像内容格格不入,它们就像是混入正文的乱码,让图像变得不那么纯净和清晰。

在数字的世界里,噪声就像是那些突如其来的小惊喜(或者说是惊吓),它们以一些大小不一的奇怪数值形式出现,悄悄地对图像的像素值动手脚。有时候,它们会给像素值加点料,让图像上出现亮亮的斑点;有时候,它们又会减点分,让图像变得暗暗的。这样一来,原本应该清晰明了的图像就变得模糊不清,就像是被一层薄雾笼罩,让人看不清真相。

当我们想要对图像进行修复、分割、特征提取或者识别时，这些噪声就像是路上的小石子，让我们不得不绕道而行，从而增加了处理的难度。因此，在去除噪声的过程中，我们就得像细心的园丁一样，既要精准地识别出哪些是图像中的“杂草”——噪声，又要小心翼翼地呵护好图像中的“花朵”——我们真正关心的内容。我们要确保在去除噪声的同时，不会破坏图像中目标的形状、大小以及那些独特的几何结构特征，让图像保持原有的美丽和完整。

4.2.1 线性滤波与非线性滤波

一、线性滤波

线性滤波，这位大师擅长用数学中的线性运算来给图像“做按摩”。它手持一个滤波器，这个滤波器其实就是一个系数矩阵，它会在图像的每个像素点上跳来跳去，进行加权求和。均值滤波器是线性滤波家族中的一员，它简单粗暴，直接计算像素周围一圈像素的平均值，然后用这个平均值来“整容”，让图像变得平滑，噪声无处遁形。但这位大师也有个小缺点，就是有时候会把图像的边缘也“磨”得有点模糊，就像是把一幅画的轮廓给晕染开了一样。而高斯滤波器则更加细腻，它根据高斯分布给邻域像素加权，离中心越近的点权重越大，这样既能去除噪声，又能更好地保留图像细节，是平滑处理和尺度空间构建的得力助手。

二、非线性滤波

非线性滤波，这位不走寻常路的大师，它不按照线性运算的规则出牌，而是基于像素值的排序、统计等非线性操作来实现滤波。

中值滤波器就是非线性滤波的代表，它会把像素周围一圈的像素值排序，然后取中间值来“替换”当前像素的值。这种方法就像是让一群人中身高最不起眼的那个人来代表大家，对于椒盐噪声这种“刺头”有很好的抑制作用，因为它直接用邻域内的合理值替换了噪声点，不会像线性滤波那样让噪声扩散，能更好地保留图像边缘。还有更高级的自适应中值滤波器，它能根据图像局部特征自适应地调整滤波参数，让滤波效果更上一层楼。

三、均值滤波

（一）均值滤波的原理

说到均值滤波，这位大师就像是给图像做了一次“平均化”处理。它会在图像中的每个像素点上画一个圈，比如3×3或者5×5的小方块区域，然后把这个区域里所有像素点的颜色值或者亮度值加起来，再除以这个区域里像素点的总数，得到的平均值就用来替换原来那个像素点的值。这样一来，那些特别亮或者特别暗的像素点（就像图像中的噪声点）就不会那么突出了，整个画面也就变得更平滑、更整齐了。均值滤波就像是给图像披上了一层柔和的滤镜，让图像看起来更“干净”。但这位大师也有个小遗憾，就是可能会把图像的一些边缘细节也给“抹”掉了，让画面看起来有点模糊。但总的来说，均值滤波还是一位非常实用的图像美容师，让我们的图像变得更加好看。

（二）均值滤波的效果示例

我们看看均值滤波的效果。（图4–3）

(1)原始图像

(2)均值滤波后图像

图4-3 均值滤波效果示例

图4-3中,(1)是有噪声的原始图像,(2)是经过均值滤波处理过的新图像。我们可以发现,通过均值滤波,之前比较明显的白色噪点变模糊了,但是,均值滤波去噪的同时会导致边界变得模糊,因此我们看到物体的某些边缘部分也模糊了。

四、高斯滤波

(一)高斯滤波的原理

高斯滤波在处理图像时,并不会像均值滤波那样,简单粗暴地把周围像素的值平均一下。它更像是一个手持“魔法刷子”的画家,在处理每个像素点时,都会根据这些像素点与中心像素点的距离,给它们分配不同的“重要程度”,也就是权重。这就像是在一个热闹的聚会上,人们围绕着一个中心话题讨论,离中心话题越近的发言就越被重视,而离得远的发言就显得不那么重要了。

高斯滤波正是按照一种叫做高斯函数的神秘规则来确定这些权重的。高斯函数,这个名字听起来就充满了科技感,但它其实是一种数学上的分布规律，能够很好地描述自然界中许多现象，比如人们身高的分布、考试成绩的分布等。在高斯滤波中，高斯函数帮助“魔法刷子”确定每个像素点的权重，距离中心像素点越近的点，权重就越大，对结果的影响也就越显著。

然后，“魔法刷子”会把每个像素点的值乘以它对应的权重，再把这些加权后的值加起来，得到的新值就用来替换原来的像素点的值。这样一来，处理后的图像就比均值滤波处理后的图像看起来更加自然、平滑。因为它不仅考虑了周围像素的值，还考虑了它们与中心像素的距离关系，更注重中心像素点附近的信息。

高斯滤波就像是给图像做了一次精致的“美容”，把那些小瑕疵——噪声——悄悄地去除掉，同时又保留了图像的细节和边缘，让图像看起来既干净又清晰。它就像是图像处理界的一位大师，用它的“魔法刷子”，让每一幅图像都焕发出新的光彩。

（二）高斯滤波的效果

我们对比一下均值滤波与高斯滤波的效果。（图4–4）

（1）原始图像　（2）均值滤波后的图像　（3）高斯滤波后的图像

图4–4　均值滤波与高斯滤波比较示例

图4-4中，(1)是有噪声的原始图像，(2)是经过均值滤波后的图像，(3)是高斯滤波后的图像。我们可以发现，高斯滤波和均值滤波都能够有效减少噪点，同时，肉眼感觉高斯滤波对图像中物体特征的保留更明显一些。高斯滤波也因为较好的降噪效果而被广泛使用。

小贴士：高斯分布

高斯分布，又叫作正态分布。这个分布就像是自然界中的一位隐形大师，悄悄地隐藏在生活的许多角落。

如果我们走进了一所中学，想要统计学生们的身高。你会发现，大部分学生的身高都集中在一个比较“中庸”的范围，比如一米六到一米七之间，这部分学生就像是班级里的“大众脸”，数量众多。而那些特别高的，比如超过一米九的“巨人族”，和特别矮的，低于一米四的“小精灵”，就像是班级里的“稀有物种”，数量相对较少。

如果我们把这些不同身高的学生人数画成一个图表，神奇的事情发生了！这个图表竟然呈现出一个像钟形一样的曲线如图4-5，这就是高斯分布的形状。在这个分布里，中间最高的部分就像是班级里的“平均身高”，代表着大多数学生所在的身高范围。而从中间往两边看，这个曲线就像是逐渐下降的楼梯，代表着离平均值越远，也就是身高越高或越矮的学生，人数就越少。而且，这个曲线还特别讲究对称美，左边和右边就像是在照镜子，一模一样。

除了学生身高这个有趣的例子，高斯分布还广泛存在于我们生活的许多方面。比如，一群人考试的成绩，大部分人都会在平均分附近徘徊，像是被一根无形的线牵引着；而那些考得特别好和特别差的“学霸”和“学渣”，就像是脱离了这条线的“自由飞翔者”，数量稀少。再比如，工厂生产的零件尺寸，也会有一个大多数零件都符合的“标准尺寸”，那些偏离这个尺寸太多的“异类零件”，就像是生产线上的“小插曲”，并不常见。

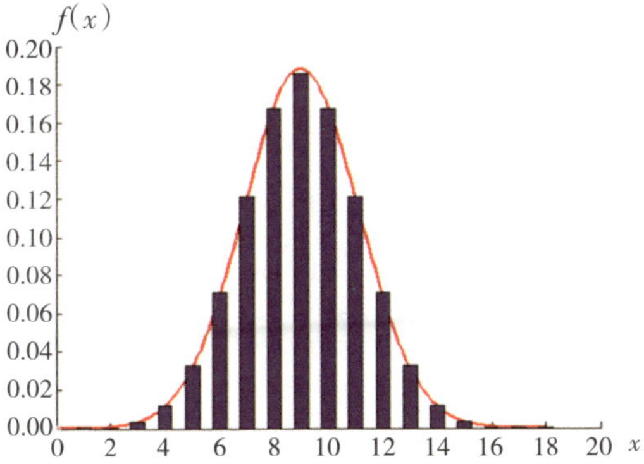

图4-5 高斯分布示意图

4.2.2 非线性滤波

一、非线性滤波原理

线性滤波就像是按照既定规则进行的简单运算，比如加权平均。而非线性滤波则更加复杂和智能，它处理图像或信号时，会综合考虑周围像素点或数据点之间的复杂关系，并根据具体情况做出判断。就好比我们看一幅图像，如果里面有一个明显的边缘，非线性滤波这位“小裁判”就会特别留意，不会像线性滤波那样轻易地将边缘模糊掉。它会巧妙地保留边缘的清晰度，同时去除其他噪声或不需要的元素。

二、中值滤波

（一）中值滤波原理

在中值滤波这位非线性滤波的代表中，我们看到了一种有趣的

“选中间值”比赛。如果把图像比作由许多小方格组成的画面，每个小方格代表一个像素，那么中值滤波就是在这些像素值之间展开一场比赛。当处理某个像素时，中值滤波会先找出这个像素周围的一群像素值，比如以它为中心取一个3×3或5×5的小区域。然后，把这些像素值按照大小顺序排列，就像小朋友们排队一样整齐。在排好队的像素值中，找到处于中间位置的那个数值，这个数值就是中值。最后，用这个中值来替换原来像素的值。

为什么要这么做呢？原来，图像中常常会有一些捣乱的噪声，它们可能会让某个像素的值变得特别大或特别小，看起来很突兀。而中值滤波通过选取中间值的方式，就能把这些因为噪声而变得异常的像素值“纠正”过来，让图像变得更干净、更平滑。而且，中值滤波在去除噪声的同时，还能很好地保留图像的边缘和细节，不会像均值滤波那样容易让边缘也变得模糊。这就像是给图像做了一次精准的“大扫除”，只把那些捣乱的噪声清理掉，而图像原本的重要特征都保持完好。

总的来说，非线性滤波就像是一位机智的“小裁判”，能够根据图像或信号的具体情况做出灵活的处理，让处理后的结果更符合我们的需求。而中值滤波作为非线性滤波的代表之一，更是以其独特的方式在图像处理和信号处理中发挥着重要作用。

（二）中值滤波过程示例

我们看到，中值滤波后的像素值结果，和原始的像素值并没有任何数学上的联系，只是单纯通过比较邻域中数值的大小来确定。注意，中值滤波中按升序和降序排列，得到的中间位置的结果是一样的。

中值滤波的过程如图4-6所示。

33	45	56	175	145	211	200
34	211	40	104	1	208	45
67	231	198	226	209	32	200
167	75	34	67	167	56	14
3	78	45	111	37	87	117
36	35	123	223	54	61	87
78	67	108	122	59	83	23

对226及其邻域(灰色部分)共9个位置的像素值,按升序(由小到大)进行排序,结果为:
1,34,40,67,104,167,198,209,226
对排序的结果,取中间位置(第5位)的值,作为新图像中,中心点的像素值。

			104			

图4-6 中值滤波原理示意图

那中值滤波为什么会对独立的噪点有比较好的处理效果呢?现在看一个极限情况。

9	9	9	9	9
9	1	9	9	2
9	9	3	9	9
9	4	9	9	9
9	9	9	9	9

(1)原始像素

9	9	9	9	9
9	9	9	9	9
9	9	9	9	9
9	9	9	9	9
9	9	9	9	9

(2)中值滤波后

图4-7 中值滤波的噪点去除示例

在图4-7中,中间位置经过中值滤波,像素值会变为9。这样,噪点就被去除了。

(三)中值滤波的效果图

让我们来看看中值滤波的效果图。(图4-8)

(1)原始图像

(2)中值滤波后的图像

图4-8 中值滤波效果图

中值滤波器能够去除椒盐噪声并能很好地保存图像细节。

二、双边滤波

(一)双边滤波的原理

图像,这个由无数像素点编织的彩色世界,每个像素点都承载着颜色和亮度的信息。而双边滤波,这位细心的"美容师",在处理每个像素点时,都会综合考虑两个关键因素。首先,它借鉴了高斯滤波的智慧,看重像素点之间的距离。就像我们的日常交流中,离得近的人的声音更容易被我们捕捉到一样,距离越近的像素点对当前像素点的影响也就越大。

但双边滤波并不止步于此,它还引入了另一个独特的视角——颜色或亮度的相似程度。在图像的世界里,如果两个像素点的颜色或亮度相似,它们之间就像有了某种默契,更容易互相影响;反之,如果颜色或亮度差别很大,它们之间的"交流"就会减少。这就像我们人际交往中,性格相似的人更容易产生共鸣,而性格迥异的人则可能话不投机。

双边滤波巧妙地将这两个因素融合在一起,为每个周围像素点都计算出一个合适的权重。这些权重就像是连接各个像素点的纽带,既考虑了距离上的亲近感,也兼顾了颜色或亮度上的相似性。然后,根据这些权重,双边滤波将周围像素点的信息综合起来,对当前像素点的值进行调整。

这样的处理方式带来了显著的好处。它既能像高斯滤波那样,让图像变得平滑,去除一些不必要的噪声;又能很好地保护图像的边缘。在边缘处,像素点的颜色或亮度变化较大,双边滤波会根据这一特点,减少边缘两侧像素点的相互影响,从而保持边缘的清晰。这就像给图像做了一次既温柔又精准的"美容",不仅去除了瑕疵,还保留了原有的细节和美感,让图像看起来更加干净、清晰。

(二)双边滤波效果

我们来看双边滤波的效果。(图4-9)

(1)原始图像　　(2)双边滤波后的图像

图4-9 双边滤波效果

对比图中女士的脸,我们发现,双边滤波之后,女士的脸变得细腻了,而脸和帽子的边界也非常清楚。这就是双边滤波的优势。

小贴士:PS

(1)

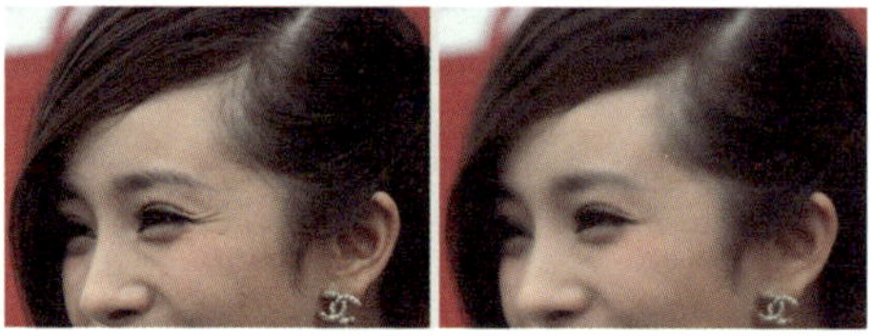

(2)

图4-10 PS效果对比

PS狭义指Photoshop软件,广义指对图像的修改。我们经常看到,经过PS以后,图像变美了。(图4-10)

其实PS的过程就是对图像做各种滤波,比如图中的女士,原始图看着皮肤比较粗糙,滤波以后就变漂亮啦。

4.3 傅里叶变换

4.3.1 傅里叶变换的原理

如果我们把一幅图像比作是由许多不同频率的“小波纹”组合而成的，那么这些“小波纹”就有着不同的频率和方向，有的变化迅速，有的则缓缓流淌。傅里叶变换，就像是这个神奇世界的钥匙，它能够将这些隐藏在图像背后的频率成分一一揭示出来。

在傅里叶变换的魔法下，图像中的每一个像素点的颜色值等信息，都被巧妙地分解成了不同频率的正弦和余弦函数的组合。这些频率成分就像音乐的音符一样，有的低沉缓慢，对应着图像中颜色变化平稳的区域；有的则尖锐快速，对应着图像中边缘、细节等颜色变化剧烈的地方。

当我们进入频率域后，就可以对这些不同频率的成分进行各种操作了。比如，如果我们觉得图像中有些高频的噪声影响了整体的美感，就可以使用傅里叶变换将这些高频成分适当削弱或去除，然后再通过逆傅里叶变换将图像变回空间域，这样图像就会变得更加清晰。同样地，如果我们想要对图像进行压缩，也可以利用傅里叶变换来舍弃一些不重要的高频信息，从而在保留图像主要信息的同时，实现对图像的压缩。

4.3.2 时域与频域

一、时域

1. 定义

时域就像是我们平时看钟表的时针、分针、秒针走动一样，是随着时间一点点变化的。比如我们听音乐时，耳朵听到的声音就是在时域里的表现，旋律、节奏都是随着时间不断变化的。而频域则是以频率为横坐标来分析信号的领域，它不看信号随时间的变化，而是关注信号包含了哪些不同频率的成分，以及这些成分的强度大小。

2. 举例

就像跑步时有的人跑得快，有的人跑得慢一样，频率可以理解为信号变化的快慢程度。在频域里，我们可以看到不同乐器发出的声音在不同频率上的分布情况，也可以看到图像中边缘部分对应的高频信息和大面积平坦区域对应的低频信息。

为了更直观地理解傅里叶变换，我们可以想象一个正弦波叠加的图形（图 4-11）。在这个图形中，从时域方向看过去，最前面的黑色线是所有正弦波叠加而成的总和，也就是越来越接近矩形波的那个图形。而从频域方向看过去，这些正弦波就变成了直线，表示他们各自携带的信号量，是一个恒定的值。这些直线按照频率从低到高排列开来，每一个波的振幅都不同，它们共同构成了图像的频率成分。

通过傅里叶变换，我们就像拥有了一双透视眼，能够穿透图像的表面，看到隐藏在背后的频率世界。这个世界里，我们可以对图像进行更深入的分析和处理，让图像变得更加美丽。

二、频域

1.定义

频域，这个听起来有些神秘的概念，其实非常直观。它就像是一个专门用来观察信号变化快慢程度的领域，频率在这里成为了衡量信号变化速度的关键指标。想象一下你站在跑道上，人们以不同的速度奔跑，频率就如同这些跑步者换脚的速度。我们并不关心他们何时起跑、何时冲刺，而是专注于他们换脚的速度，也就是频率，以及这些不同速度下的“能量”或“强度”。

2.举例

以音乐为例，不同乐器发出的声音如同一个个独特的跑步者，在频域的跑道上各展风采。钢琴的低音部分缓缓流淌，如同一位稳健的慢跑者，频率较低，声音低沉而缓慢；而高音部分则如同一位轻盈的短跑健将，频率飙升，声音尖锐而轻快。当我们用频域的眼光去审视一首音乐时，就像是在观看一场精彩纷呈的跑步比赛，能够清晰地看到不同乐器在不同频率上的精彩表现，谁在哪个频率上领跑，谁又在哪个频率上默默陪跑。

在图像处理的世界里，频域同样发挥着重要作用。图像中的边缘部分，如同音乐中的高音部分，变化迅速，对应着高频信息；而那些大面积的平坦区域，则如同音乐中的低音部分，变化缓慢，对应着低频信息。通过频域的分析，我们能够像音乐制作人一样，精准地捕捉到图像中的这些“音符”，对它们进行细致入微的调整，从而让图像更加完美。

三、正弦波叠加的图示

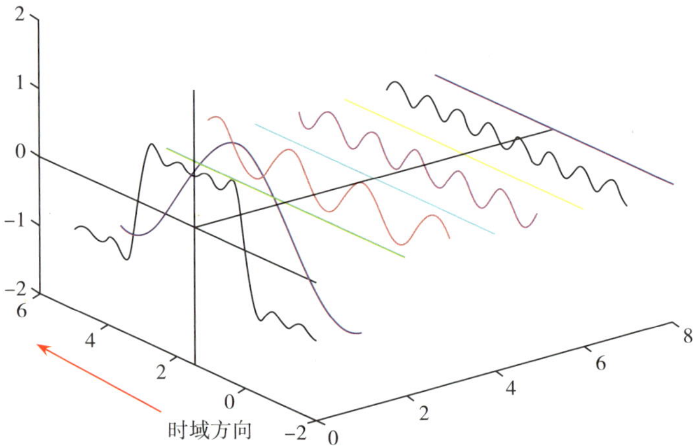

图4-11 正弦波叠加原理示意图

在图4-11中，从红色箭头是时域方向，正面看过去，最前面黑色的线就是所有正弦波叠加而成的总和，也就是越来越接近矩形波的那个图形。而后面依不同颜色排列而成的正弦波就是组合为矩形波的各个分量。这些正弦波按照频率从低到高从前向后排列开来，而每一个波的振幅都是不同的。不同频率的正弦波则为频率分量。

频域图显示了在一个频率范围内每个给定频带内的信号量。因此频域坐标系并不是变化的，频域表示还可以包括每个正弦曲线的相应的信息，以便能够重新组合频率分量以恢复原始时间信号。

所以，上图从右侧方向看过去，这些波就不再是曲线，而是直线了。这些直线表示他们各自携带的信号量，是一个恒定的值，如图4-12所示。

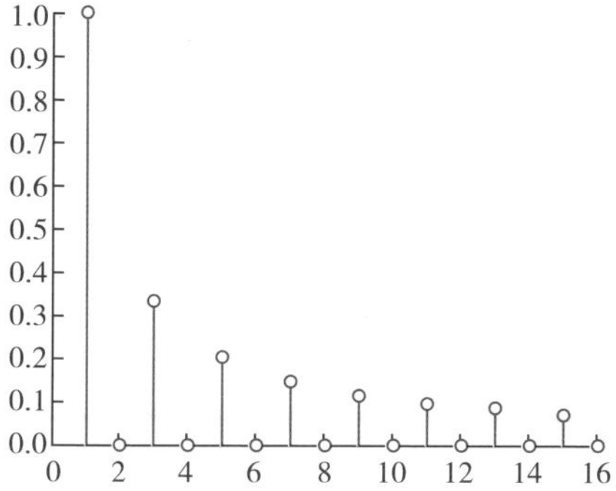

图4-12 频域中波的信号量示意图

4.3.3 图像中的傅里叶变换实例

一、图像中的频谱

我们先来看一下图像傅里叶变换后的表现形式，即图像的“频谱”，如图4-13所示。

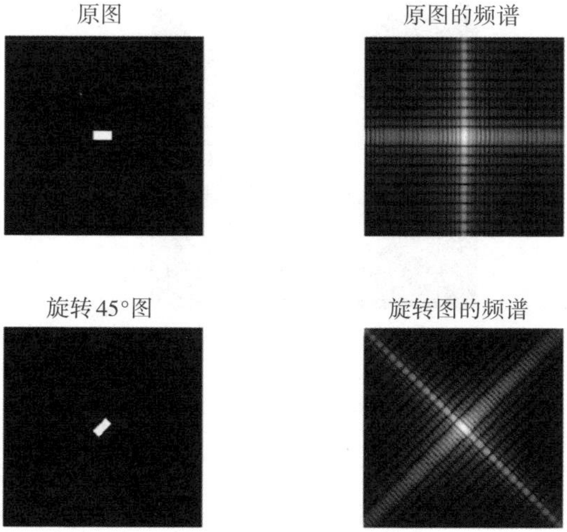

图4-13 图像的频谱

首先，我们来聊聊频率。在音乐的世界里，频率决定了音符的高低，它是指单位时间内声音振动的次数。但在图像的世界里，频率这个概念被巧妙地“移植”了过来，它有了新的定义：单位距离内灰度值完成周期性变化的次数。这里的“距离”指的就是图像中的像素数量。换句话说，当你沿着图像的某一方向移动，如果灰度值快速地在明暗之间变化，那就意味着这一方向的频率较高；反之，如果灰度值变化缓慢，那就意味着频率较低。

由于图像中表达距离的单位是像素大小，所以对这个定义可进一步理解为：n个像素内灰度值完成周期性变化的次数。因此我们就成功地将图像“频谱”和信号“频谱”中的自变量联系起来了。在信号频谱中的频率是x（横）轴，而在图像的频谱中频率是x轴与y轴构成的平面。距离原点越远，则说明频率越大。因此，窗口边缘处即为高频区域，原点周边即为低频区域，如图4-14所示。

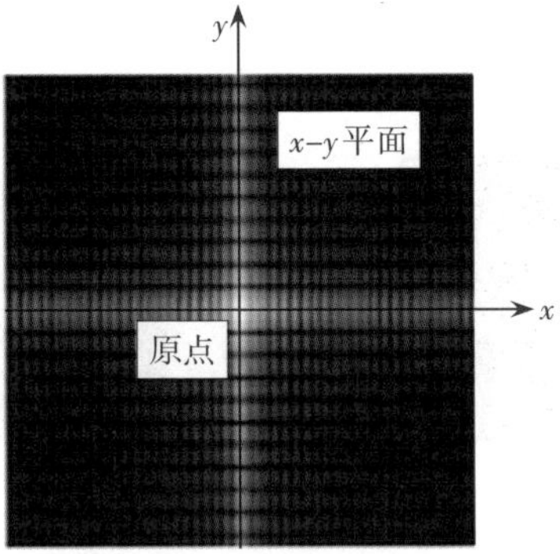

图4-14 频谱解读图示

可将图像频谱理解为距离原点越远，则频率越高，对应原图中灰度值的变化越频繁；同时，像素点灰度值越大，则变化幅值越大，那么原图中灰度值变化的范围也越大。

那这在图像处理中,有什么效果呢?

二、傅里叶变换、低通滤波、高通滤波的比较

我们先看看傅里叶变换、低能滤波、高能滤波三者对图像处理的效果图。(图4-15)

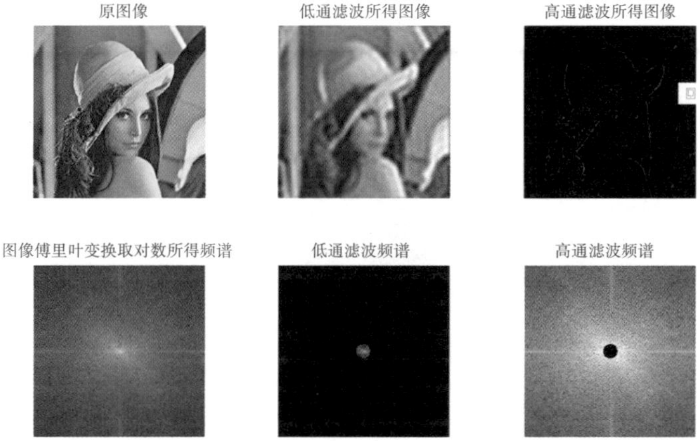

图4-15 图像傅里叶变换效果

从图4-15可以看出,傅里叶变换就像是为你提供了一种特殊的眼镜,让你能够透过这幅画,看到它背后隐藏的“音符”和“旋律”。这些“音符”和“旋律”其实就是图像中不同的频率成分,它们共同构成了我们肉眼所见的画面。

接下来,让我们聊聊低通滤波和高通滤波这两位图像处理中的“调音师”。低通滤波,就像是一位温柔的画家,它轻轻地在你的画作上涂抹了一层柔和的色彩,使画面变得模糊而平滑。那些原本刺眼的噪声点就像是被柔和的月光所笼罩,变得不再那么显眼。但是,这位温柔的画家在抚平画面的同时,也不小心模糊了一些原本清晰的物体边缘,让画面的细节变得不那么锐利。

而高通滤波，则像是一位充满激情的画家，它用锐利的笔触勾勒出画面中的每一个细节，让边缘和纹理变得更加明显和突出。经过它的处理，画面就像被锐化的镜头所捕捉一样，每一个细节都清晰可见。但是，这位充满激情的画家在强调细节的同时，也不小心降低了画面的整体亮度，让一些原本平坦的区域变得暗淡无光。

小贴士：傅里叶简介（图4-16）

图4-16 傅里叶

傅里叶，这位1768年出生于法国的科学家，自幼便展现出对知识的无限渴望和卓越的学习天赋。在巴黎综合理工学院的日子里，他如饥似渴地吸收着当时最前沿的科学知识和思想，为其日后的辉煌成就奠定了坚实的基础。

傅里叶的学术生涯如同一部跌宕起伏的交响乐，其中最为人瞩目的便是他在热传导理论和傅里叶级数方面的卓越贡献。在热学领域，他面对着诸多未解之谜，却凭借着坚韧不拔的毅力和深入骨髓的求知欲，提出了热传导方程这一经典理论。这一理论如同灯塔一般照亮了热学研究的道路，为后世科学家提供了宝贵的指引。

而傅里叶级数，更是他留给世人的无价之宝。他发现，任何一个周期函数都可以被拆解成一系列正弦和余弦函数的和。这一发现不仅在数学分析领域掀起了一场革命，使得复杂函数得以通过简单的三角函数来逼近和分析，更在物理学、工程学等多个领域大放异彩。在信号处理中，我们可以利用傅里叶级数将复杂信号分解为不同频率的正弦和余弦信号的叠加，从而更深入地理解和处理信号；在图像处理中，傅里叶变换（基于傅里叶级数发展而来）更是如同魔法一般，将图像从空间域转换到频率域，让我们能够轻松地进行滤波、压缩等处理。

傅里叶的工作如同一座巍峨的丰碑，矗立在科学史上，激励着无数后来的科学家继续探索和创新。

4.3.4 傅里叶变换的应用

傅里叶变换作为一种强大的数学工具，在众多领域都有着广泛且重要的应用，以下是一些主要方面。

一、信号处理

1. 音频处理

当我们沉浸在美妙的音乐世界中时，傅里叶变换正在默默地为音频信号处理贡献力量。它就像一位音乐导师，将音频信号从时间的长河中抽离出来，带入频率的殿堂。在这里，低音、中音和高音如同不同音色的乐器，清晰地展现在我们的眼前。通过它的指导，我们可以轻松去除音频中的噪声，就像是在交响乐中抹去不和谐的音符，让音乐更加纯净动听。同时，它还能帮助我们调整音频的均衡度，让不同频率的声音和谐共鸣，为我们带来更加美妙的听觉盛宴。

2.视频处理

在视频处理领域,傅里叶变换同样展现出了非凡的才华。它像是一位电影剪辑师,对视频中的每一帧图像进行精心处理。通过它的变换,图像从空间的世界被带入频率的画卷。在这里,图像的边缘、纹理等特征如同不同色彩的笔触,以特定的频率成分呈现在我们面前。借助这一特性,我们可以去除视频中的冗余信息,实现高效的视频压缩,让视频在存储和传输时更加节省空间和带宽。

3.图像处理

在图像处理方面,傅里叶变换更是去噪专家和特征提取高手。

(1)图像去噪:面对图像中的噪声,它就像是一位细心的清洁工,通过低通滤波等操作,将高频噪声部分一一清除,让图像恢复原有的清晰和纯净。

(2)图像特征提取:它还能提取图像的特征,为图像识别、分类等任务提供有力的支持。在人脸识别系统中,傅里叶变换更是大显身手,它能提取出人脸图像的特征,为身份识别提供了可靠的依据。

4.通信工程

在通信工程中,傅里叶变换更是扮演着举足轻重的角色。它像是一位信息的使者,负责将原始信号从时间的起点送到频率的彼岸。通过它的调制和解调,我们可以确保信息的准确传输,让沟通无界限。同时,它还能帮助我们分析信号在频域的失真情况,通过信道均衡技术,让信号在传输过程中保持原有的风貌,提高通信质量。

5.光学

在光学的舞台上,傅里叶变换就像是一位经验丰富的侦探,它擅长从光的衍射现象中解读出隐藏的信息。当光线通过衍射光栅等光学元件时，它会产生一种独特的衍射图样，就像是光学元件为我们绘制的一幅神秘画作。而傅里叶变换，就是那把能够解开这幅画作秘密的钥匙。

傅里叶变换的魔力不仅限于上述领域，它在地震学、生物医学工程等领域也有着广泛的应用。它就像是一位全能的科学家，用智慧和才华，为我们揭开自然界的神秘面纱，推动科学技术的不断发展和进步。

4.4 图像的几何变换

4.4.1 图像的平移

图像，这个由无数个小点，也就是像素，精心排列而成的二维画卷，每个像素都像是画布上的一个独特标记，拥有自己的位置坐标。当我们想要给这幅画换个位置，或者说，让图像“平移”一下时，其实就是在移动这些像素点，给它们重新安排座位。

假设我们有一个像素，它原本乖乖地坐在(x_0, y_0)的位置上。现在，我们想让它向右上方挪动一小步，这个步伐我们用($\triangle x$, $\triangle y$)来表示。那么，这个像素的新家，也就是它的新坐标(x_1, y_1)，就可以通过一个简单的加法算式找到：$x_1=x_0+\triangle x$，$y_1=y_0+\triangle y$，在计算机的世界里，这个计算过程就像是施展了一个小小的魔法。通过一个叫做“平移变换矩阵”的工具，我们能轻松地把每个像素从老位置送到新位置。

这个平移变换矩阵，就像是一个神奇的传送门，只要我们知道了像素的原始坐标，就能通过它，瞬间计算出像素平移后的新家在哪里。而且，这个传送过程非常贴心，它只会改变像素的位置，而不会改变像素的颜色或者形状，就像是给图像做了一个无缝的搬运。

所以，当我们对图像进行平移操作时，其实就是在做一件很简单但又很有趣的事情：给每个像素发一个“搬家通知”，告诉它们要移到哪个新位置去。然后，我们就把原始图像中每个像素的值，像搬行李一样，一件不落地搬到新的位置上。这样一来，整个图像就完成了它的平移之旅，看起来就像是它在屏幕上轻轻地滑动了一段距离，但其实，图像里的内容还是一模一样，没有任何改变（图 4-17）。

这种平移操作，就像是给图像加上了一层动态的魔法，让它在计算机视觉和图像处理的世界里，能够灵活地变换位置，实现各种有趣的视觉效果。无论是制作动画、设计游戏，还是进行图像分析，平移操作都是不可或缺的基本操作。

图 4-17 图像平移

4.4.2 图像的镜像

图像的镜像，就像是一场奇妙的对称冒险，它能让图像展现出一种别样的美感。这种变换主要分为两种：水平镜像和垂直镜像，就像是魔法的两面镜子，各自映照出图像的不同面貌。

水平镜像变换，就像是站在一面巨大的穿衣镜前。镜子中的你，左右对称，左边的手变成了右边的手，右边的脸变成了左边的脸，但身高依旧，没有丝毫改变。在图像的世界里，这种变换也是如此。图像中的每个像素点都会沿着垂直中轴线找到它的“镜像伙伴”，并将自己的颜色值复制给这个伙伴。于是，一幅原本普通的图像，在水平镜像变换后，就像是被施了魔法，左右两侧变得完全对称了。

而垂直镜像变换，则像是站在一个能够上下颠倒视物的神奇镜子前。镜子中的你，头顶变成了脚底，脚底变成了头顶，但宽度未变。在图像处理中，垂直镜像变换以图像的水平中轴线为中心，将图像的上下两部分进行对称变换。这样，原本在顶部的图像内容会跑到底部，而原本在底部的则会跑到顶部，形成一个上下颠倒的有趣效果。

这两种镜像变换，就像是图像处理的魔法工具，不仅能够帮助我们探索和理解图像的对称性，还能在图像增强、特效制作等方面发挥重要作用。在图4-18中，你就可以看到一个水平镜像变换的示例。通过对比原图像和镜像图像，你会发现，镜像变换后的图像虽然看起来像是被翻转了一样，但其实只是像素点的位置发生了对称变化，图像的内容和颜色都没有任何改变。这种变换，就像是给图像穿上了一件对称的魔法外衣，让它在视觉的世界里焕发出别样的光彩。

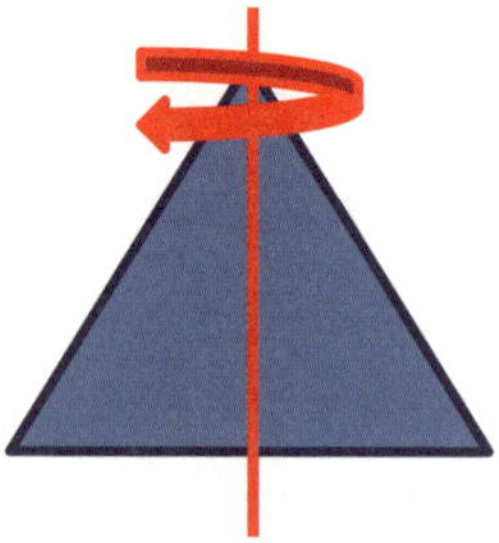

图4-18 水平镜像示意

图4-19为垂直镜像的效果。

图4-19 垂直镜像示意

4.4.3 图像旋转

图像旋转，这个听起来就很有趣的图像处理操作，其实就像是给图片施加了一个魔法，让它能够优雅地围绕某个点（大多数情况下，这个点就是图像的中心）旋转起来。无论是顺时针还是逆时针，只要轻轻一旋，图片就能展现出全新的面貌。

在这个旋转的过程中，图片中的每一个像素点都像是被一只无形的手牵引着，按照旋转中心和新的角度重新找到自己的位置。虽然它们离中心的距离没有变，但方向却发生了奇妙的变化。这就像我们站在一个旋转的舞台上，虽然脚下的位置没有移动，但身体却随着舞台的旋转而转向了一个新的方向。

不过，这个旋转的舞台可不是那么简单的。因为当图片旋转时，原本在边界内的像素点可能会“跳”到边界外去，而原本在边界外的像素点也可能“溜”进边界内来。这样一来，为了确保旋转后的图片能够完整地显示出来，我们就得重新计算新图片的大小（也就是长和宽）。这个过程就像是给图片量身定制一件新衣服，确保它能够完美地包裹住旋转后的每一个像素点。

在图4-20中，直观地展示了图像旋转后的实际效果。你可以看到，旋转后的图片不仅方向发生了改变，大小和形状也发生了变化。这种旋转操作在计算机视觉和图像处理领域中可是非常受欢迎的，它就像是一个神奇的工具，能够帮助我们实现各种炫酷的视觉效果和图像变换。

图4-20 图像旋转示意

4.4.4 图像的缩放

一、图像缩放的含义及作用

图像的缩放，就像是我们用放大镜看东西或者把东西拿远一点看一样，可以让图像变大或者变小。当我们想仔细欣赏一幅画的细节时，就像是用放大镜去看，这时画中的线条、颜色都会变得更清晰、更粗，这就是图像的放大。相反，如果我们想一眼看完整幅画，就像把东西拿远了看，整体图像就变小了，一些小的细节可能就看不太清楚了，这就是图像的缩小。当我们把图像放大时，就像是给这幅画添加了许多新的“小格子”（像素），这些新格子需要被填上颜色，才能让画面看起来完整。怎么填呢？这就涉及一些算法。假设把一个小图像放大，如图4-21所示。

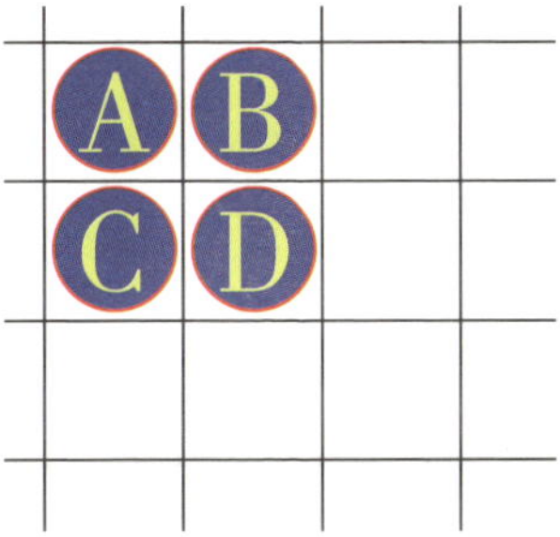

(1)原始图像

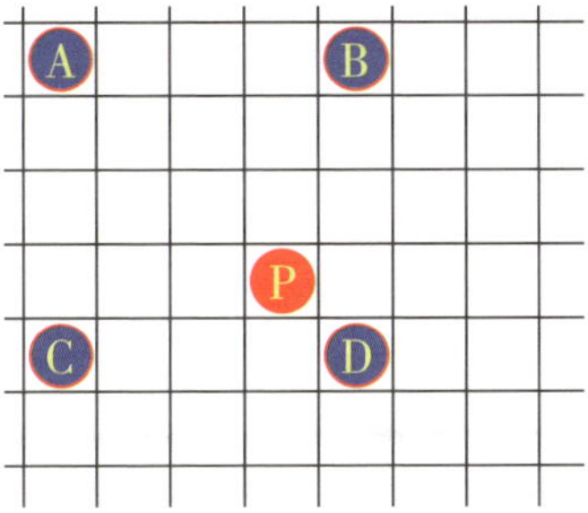

(2)放大后的图像

图4-21 图像放大示意

二、放大图像的方法

1.最邻近点插值

最邻近点插值是一种简单直接的方法。它就像是找新格子周围离它最近的那个“老朋友”，然后把老朋友的颜色直接拿过来给新格子穿上。这种方法虽然简单快速，但可能会让图像看起来有点“粗糙”，放大之后图像的边缘可能会出现锯齿状。不过在一些对图像精度要求不是特别高的情况下，最邻近点插值还是很实用的。(图4-22)

(1)原始图像

(2)放大后的图像

图4-22 最邻近点插值效果

2. 双线性插值

这种方法就更细腻一些了。它像是让新格子的颜色由周围四个小格子一起“商量”决定，每个小格子都出点力，离得近的小格子出的力就大一些，这样得出的颜色就会更平滑、更自然。双线性插值算法的示例如图 4-23 所示。

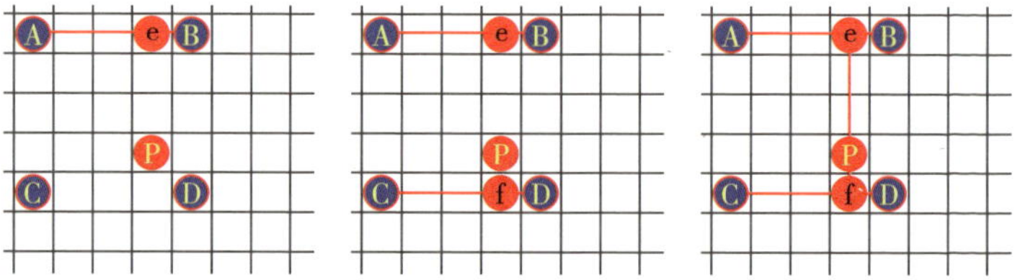

（1）计算 e 点的值　（2）计算 f 点的值　（3）计算 P 点的值

图 4-23　双线性插值算法示例

我们来看看双线性插值的效果。（图 4-24）

（1）原始图像　（2）放大图像

图 4-24　双线性插值效果示例

3. 双立方插值

这是更高级的一种方法。它考虑的范围更广，会看目标点周围 16 个小格子的颜色，然后根据它们与目标点的距离，给每个小格子分配一个“影响力权重”，最后综合大家的意见得出一个最合理的颜色。这种方法处理后的图像质量通常更高，边缘更平滑，色彩过渡更自然(图4-25与图4-26)。

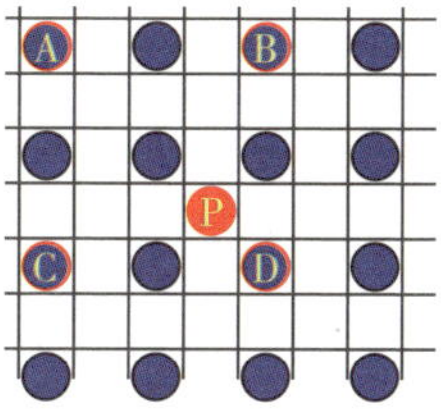

图4-25 双立方插值示意

(1)原始图像

(2)放大图像

图4-26 双立方插值效果

三、缩小图像的方法

在数字图像的世界里,缩小图像就像用相机拍摄风景时把镜头拉远,既能保留整体画面又能减少细节。不过这个过程需要一些技巧,否则照片可能会变得模糊或失真。下面我们来看看两种常用的图像瘦身术。

在探索计算机视觉的奇妙世界里,缩小图像就像是给一幅画做瘦身计划,让它变得更小巧却不失风采。这个过程听起来复杂,但其实原理非常直观,就像是从一大盘美食中挑选出最具代表性的部分,让人一眼望去仍能认出这是哪道菜。

当你想要把一张高分辨率的照片调整到适合手机屏幕大小，就需要对照片进行"瘦身"。这个"瘦身"的过程，专业点讲，就是通过减少照片上像素点的数量来完成的。

那么，如何聪明地减少这些像素点，让照片即便变小了也能保持原有的模样和特征呢？这里头可是有小窍门的。我们不能随便删掉一些像素，那样照片可能就面目全非了。所以，得用一种科学的方法来选择哪些像素留下，哪些可以舍去。

这就引出了两种常见的缩小图像的算法：等距离采样和局部均值法。等距离采样就像是你在数一堆豆子时，每隔几颗就拿一颗，这样虽然数量少了，但从整体上还能看出豆堆的形状和颜色分布。而局部均值法呢，更像是把附近的几颗豆子混在一起，取个平均值，然后用这个平均值代表那一小块区域。这样做的好处是，即使照片变小了，那些重要的细节和整体感觉还是能被较好地保留下来。

（一）等距离采样法

1.基本原理

等距离采样法应用于图像缩小，原理相似而又充满智慧。想象一下，如果我们有一张细节丰富的图片，就像是一幅精心绘制的画作，那么等距离采样法就是在这幅画上，用一把无形的尺子，每隔固定的像素点距离，就选取一个像素点作为代表。这些被选中的像素点，就像是画作中的关键元素，它们共同构成了图片简化后的骨架，保留了原图的主要特征和轮廓，同时大大减少了数据量。

2.操作步骤

那么，具体怎么操作呢？首先，我们需要确定一个缩放比例，就像决定要吃掉巧克力棒的多少部分一样。这个比例由两个数值 k_1

和k_2决定，它们分别对应着图像宽度和高度的缩放比例。当k_1和k_2相等时，图像会保持原有的宽高比进行缩放；而当它们不相等时，图像则会按照不同的比例进行缩放，创造出新的视觉效果。

3.举例

举个例子来说，假设我们有一张6×4大小的图片，就像一块小巧的巧克力棒。如果我们决定用k_1=0.6和k_2=0.7的比例来缩小它，那么新的图片大小就会是4×3，就像是精心掰下的巧克力小块一样，既保持了原有的风味，又变得更加小巧精致。这个过程中，我们根据原始的宽度和高度，分别乘以k_1和k_2，然后四舍五入得到新的图像尺寸。这样一来，我们就能够轻松地将图像按照指定的比例进行缩放，得到一张既小又保留了主要特征的新图片。通过这种方法，我们可以将图像按指定比例缩放，得到新的图像尺寸。(图4-27)

a11	a12	a13	a14	a15	a16
a21	a22	a23	a24	a25	a26
a31	a32	a33	a34	a35	a36
a41	a42	a43	a44	a45	a46

↓

a12	a13	a15	a16
a32	a33	a35	a36
a42	a43	a45	a46

图4-27 等距离采样原理示意

等距离采样法的主要优点是操作简单、采样点分布均匀且数据具有规律性，便于分析处理，主要缺点是缺乏灵活性、可能遗漏关键信息以及在某些情况下采样效率较低。其实际效果如图4-28所示。

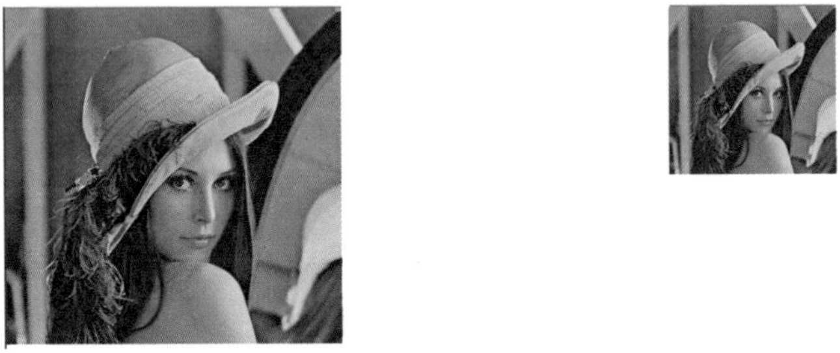

图4-28 等距离采样效果

(二)局部均值法

1.基本原理

想象一下,你手中有一张丰富多彩的照片,它其实是由无数个小小的像素点组成的,就像是由无数个微缩的彩色方块拼接而成的大拼图。而局部均值法,就像是给这张照片穿上了一层“模糊滤镜”的外衣。

它是怎么做到的呢?简单来说,局部均值法会把这张照片划分成许多个小小的局部区域,每个小区域就像是一个小方块。然后,它会计算这个小方块里所有像素点的颜色值,并把这些颜色值加起来,再除以像素点的数量,得到一个平均颜色值。这个平均颜色值就像是这个小方块的颜色代表,它会把小方块里原来那些复杂多变的颜色信息,统一简化为一个颜色值。

这样一来,原本照片中那些复杂的颜色信息就变得简单、平滑了。就像是给照片涂上了一层淡淡的“水彩”,让照片看起来更加柔和,也能更好地突出一些整体的特征。而且,通过观察这些小区域的平均颜色变化,我们还能大致了解照片里不同地方的颜色分布情况,就像是给照片做了一次“颜色体检”。

其实,局部均值法不仅适用于照片处理,在处理其他类型的数据时,它也同样能派上用场。比如,我们可以把数据分成一个个小部分，然后算出每个小部分的平均值，这样我们就能更好地了解数据在局部的一些特征和规律。就像是给数据戴上了一副“放大镜”，让复杂的数据变得更容易理解和处理。

2. 示例

具体如图4-29所示。

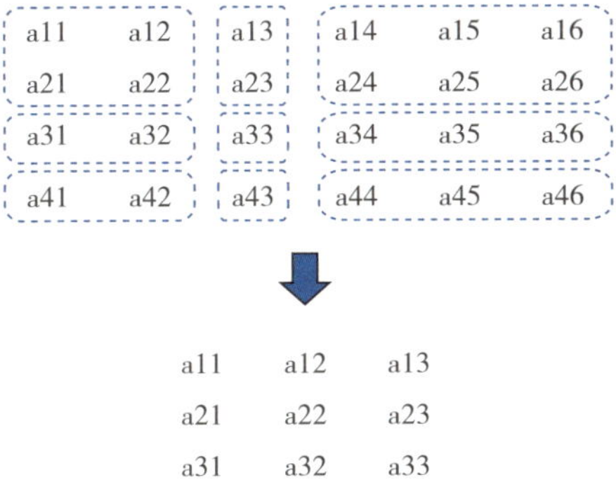

图4-29 局部均值法原理

局部均值法的主要优点是能突出数据局部特征、使数据处理更简单直观且可有效平滑数据、降低噪声影响。主要缺点是可能会丢失局部细节信息、对边界等特殊区域处理效果不佳，以及窗口大小选择困难，选得不好会影响结果的准确性和有效性（图4-30）。

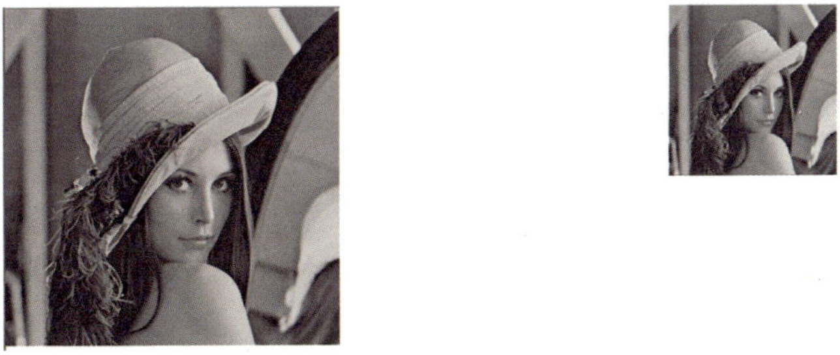

图4-30 局部均值法效果

第五章 图像分割

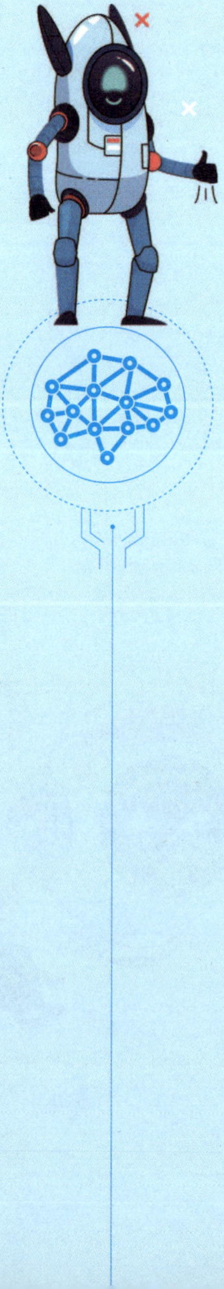

图像分割，就像是给一幅复杂的画作进行一次精细的拆解，只不过这次是由计算机来充当“艺术家”。想象一下，你站在一幅风景画前，画里有山有水、有树有云，每一部分都各有特色。图像分割的任务，就是让计算机能够识别并区分这些不同的元素，把山、水、树、云各自归类。这样一来，如果你想从照片中提取一棵树作为海报的主角，计算机就能轻松地帮你找到并分离出这棵树。

5.1 阈值分割

接下来，我们聊聊阈值分割，这是图像分割中一种基础且常用的方法。想象一下，你有一张色彩斑斓的照片，你想把其中的天空部分单独提取出来，这时候阈值分割就能派上用场。它的原理其实很简单，就是给图像中的像素点制定一个规则，比如“颜色值达到某个标准的归为一类，没达到的归为另一类”。这个用来划分的标准数值，就是我们所说的阈值。

具体来说，计算机会把图像中的每个像素点都看作是一个数值，这个数值通常与像素点的颜色深浅或亮度有关。然后，我们选择一个合适的阈值，告诉计算机：“如果一个像素的数值大于这个阈值，就把它当作天空的一部分；如果小于这个阈值，就当作其他部分。”这样，计算机就能按照这个规则，把图像中的像素点分成不同的类别，从而实现图像的分割。

那么，如何确定这个阈值呢？有时候，我们可以凭借经验来选择一个大致合适的数值。比如，我们知道天空的颜色亮度通常在一个特定的范围内，就可以根据这个范围来选择一个阈值。此外，还有一些更智能的方法，比如让计算机自己分析图像中像素值的分布情况，自动找到一个最佳的阈值。

阈值分割的优点在于它简单快捷，计算量小，对于一些对比度较高的图像，比如黑白分明的图像或者前景与背景颜色差别很大的图像，它的分割效果非常好。然而，它也有一些局限性。如果图像中的颜色或亮度变化复杂多样，或者存在噪声干扰，那么阈值分割的效果可能就不那么理想了。尽管如此，阈值分割仍然是图像分割领域中一种重要的方法，在医学图像分析、交通监控等领域发挥着重要作用。

5.1.1 人工经验选择法与直方图法

一、人工经验选择法

1. 基本原理

在确定阈值时，人工经验选择法是一种常用的方法。它依靠人对图像的理解和过往积累的经验来确定一个合适的阈值。通过观察图像的整体亮度、颜色分布以及目标与背景的差异等特征，人们可以凭借自己的经验来判断一个合适的数值作为阈值。这种方法简单直接，针对性强，对于特定类型的图像能够取得很好的分割效果。然而,它也存在主观性强、效率低下和适应性差等缺点。因此,在实际应用中,我们需要根据具体情况选择合适的方法来确定阈值,以获得最佳的分割效果。

2.优点

(1)简单直接:不需要编写复杂的算法,也不需要大量的计算资源,只需要凭借你的直观判断,就能快速确定一个阈值,并立即进行图像分割。对于一些简单的图像或者特征明显的图像,这种方法能够迅速看到分割效果,非常高效。

(2)针对性强:特别是对于某些特定类型的图像,如果你有足够的经验,就能根据图像的具体特点和需求,精准地选择一个合适的阈值,使得分割结果更符合实际应用的要求。比如,在医学图像中,医生可以凭借自己对人体组织图像的了解,选择一个能够突出病变组织的阈值,从而更准确地诊断疾病。

(3)可解释性高:当我们人工选择阈值时,就像是给图像分割找了一个"说明书"。这个"说明书"里写明了我们为什么选择这个特定的数值作为界限,以及这个界限是如何帮助我们区分图像中的不同部分的。这样的"规则"不仅易于理解,而且让我们能够清楚地知道为什么选择这个阈值,以及这个阈值是如何影响图像分割的结果的。这就像是在做一道数学题时,我们不仅能够得出正确的答案,还能够清晰地阐述我们的解题思路和步骤。

3.缺点

这种方法也有它的局限性。

(1)主观性强:不同的人可能会根据自己的经验和判断选择不同的阈值,导致分割结果存在差异,缺乏统一的标准。而且,人的主观判断还可能受到个人情绪、疲劳等因素的影响，从而影响分割的准确性。

（2）效率低下：当你需要对大量的图像进行分割时，如果还要人工逐个观察并选择阈值，那么这个过程将会非常耗时费力，难以满足大规模数据处理的需求。

（3）适应性差：当图像的场景、光照等条件发生变化时，原本根据经验选择的阈值可能就不再适用。你需要重新根据新的情况选择一个合适的阈值，而这个过程可能需要花费大量的时间和精力。比如，在不同光照条件下拍摄的同一场景图像，你可能需要选择不同的阈值才能得到满意的分割效果。

尽管如此，人工经验选择法仍然是图像阈值分割中一种重要且常用的方法。它简单直接、针对性强，对于某些特定类型的图像能够取得比较好的分割效果。当然，在实际应用中，我们也需要根据具体情况选择合适的方法，以获得最好的分割效果。

二、直方图法

1.基本原理

在图像分割的世界里，直方图法就像是一位精明的会计，它仔细记录并分析了图像中每个像素的亮度值，然后为我们提供一个清晰明了的报告——图像的直方图。简单地说，直方图就是一个图表，横轴表示像素的亮度值，从暗到亮一字排开；纵轴则显示每个亮度值对应的像素数量。

当我们面对一幅图像时，直方图法会告诉我们，图像中的目标和背景在亮度值上通常会有不同的“偏好”。比如，一幅黑字白底的图像，在直方图上就会呈现出两个明显的“山峰”：一个代表黑色文字的亮度值，另一个则代表白色背景的亮度值。而我们要找的阈值，就像是这两座山峰之间的一条“分割线”，它能把代表目标和背景的像素巧妙地分开。

2.优点

（1）客观性较强：它不像人工经验选择法那样，会受到个人经验和情绪的影响。只要图像数据确定，直方图就是唯一的，因此阈值的选择也就有了比较客观的依据。对于那些目标和背景区分明显，直方图上呈现出明显双峰的图像，直方图法能迅速而准确地找到两个峰值之间的低谷，从而确定阈值，实现完美的分割。

（2）计算相对简单：它不需要复杂的数学模型和大量的迭代计算，只需要对图像的像素进行统计，然后观察分析直方图，就能找到合适的阈值。这使得直方图法在处理速度上具有一定的优势。

3.缺点

（1）对复杂图像效果有限：当图像的内容变得复杂时，比如有多个目标且它们的亮度范围相互重叠，或者图像的背景不均匀，直方图上就很难再找到明显的峰值和低谷了，也就很难准确地找到合适的阈值，分割效果也会大打折扣。

（2）受噪声影响大：图像中的噪声也会给直方图法带来不小的挑战。噪声就像是图像中的“捣乱分子”，它们会使直方图变得不规则，产生一些虚假的峰值和低谷。这些虚假的峰值和低谷会干扰阈值的正确选择，导致分割结果出现错误。

（3）无法利用空间信息：在图像中，像素的位置和它们之间的空间关系往往包含了重要的信息。但直方图法只考虑了像素的亮度值及出现的频率，却忽略了这些信息。因此，对于一些需要利用空间信息来准确分割的图像，直方图法可能就无法胜任了。

尽管如此，直方图法仍然是图像分割中一种重要且常用的方法。它简单直观、计算高效，对于某些类型的图像能够取得很好的分割效果。在实际应用中，我们可以根据图像的特点和需求选择合适的方法来确定阈值，以获得最佳的分割效果。

4. 实例

若图像的直方图呈双峰，且有明显的谷底，则将谷底点对应的灰度值作为阈值。如图5-1所示，将红色三角形位置的像素值作为阈值。直方图双峰法效果如图5-2所示。

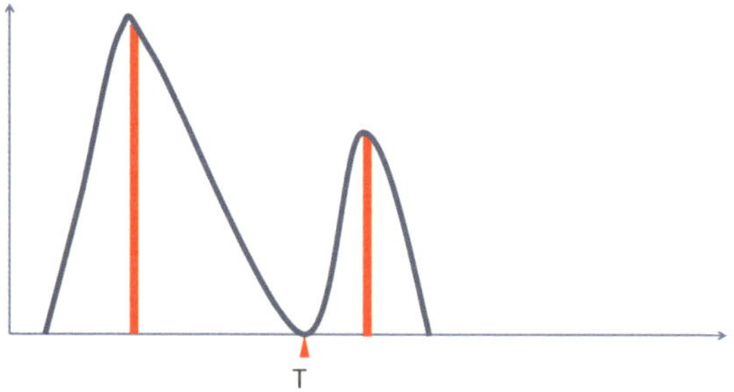

图5-1 直方图双峰法阈值选取示意

图5-2 直方图双峰法效果

直方图就像是一位沉默的数字领航者。它非常擅长告诉我们图像中每个灰度级上有多少像素在“聚会”，但却无法描述这些像素们具体站在哪里，也就是说，它丢失了像素的位置信息。这就像是我们只知道一个聚会上有多少人，但不知道他们是如何分布在房间里的。

正因为如此，同一个直方图竟然可以对应好多幅完全不同的图像！这就像是一首相同的乐谱，可以被不同的乐队以不同的方式演绎出来，形成风格迥异的音乐。所以，如果我们只凭直方图来判断图像的内容，那就像是盲人摸象，只能得到片面的信息。

当我们尝试使用灰度直方图双峰法来分割图像时，就像是在寻找两个山峰之间的“秘密通道”，希望通过这个通道将图像中的目标和背景分开。但这个过程并不是那么简单的，因为即使直方图上显示有两个明显的峰值，我们也需要一些额外的“线索”——也就是图像的先验知识，来确定哪个峰值对应目标，哪个对应背景。

这些先验知识可能来自我们对图像内容的了解，比如我们知道图像中的物体通常是什么颜色或亮度；也可能来自对图像拍摄环境的了解，比如我们知道拍摄时的光照条件如何。有了这些线索，我们就能更准确地选择阈值，将图像分割成我们想要的部分。

所以，虽然灰度直方图双峰法是一种简单而有效的图像分割方法，但在实际应用中，我们还需要结合图像的先验知识来做出更准确的判断。这就像是在解谜游戏中，我们需要结合所有的线索和提示，才能找到最终的答案。

5.1.2 迭代法

一、基本原理

在图像处理的奇妙世界里，有一种被称为阈值迭代法的技巧，它就像是一位不知疲倦的寻宝者，在无尽的灰度值中寻找那个能完美分割图像的宝藏——最佳阈值。

故事从给这位寻宝者一个起点开始，这个起点可以是图像灰度值的平均数，也可以是随意挑选的一个数值，权当是给它的一点线索。有了这个起点，寻宝者便开始行动了。它首先用这个阈值将图像的像素一分为二：一部分是灰度值高于阈值的，另一部分是灰度值低于或等于阈值的。这就像是把一堆颜色深浅不一的沙子分成了两堆。

接下来，寻宝者会分别计算这两堆沙子的“平均深浅”——也就是平均灰度值。然后，它会把这两个平均值再平均一下，得到一个新的阈值，就像是根据两堆沙子的深浅，重新调整了自己的寻宝方向。

有了新方向，寻宝者便再次出发，用新的阈值继续分割图像，又得到两堆新的沙子，再计算它们的平均深浅，再调整方向……这个过程就像是一个不断试错、不断逼近真相的循环。每一次循环，寻宝者都离那个最佳阈值更近一步。

直到某一天，寻宝者发现前后两次得到的阈值几乎一模一样，差距小到可以忽略不计，这时候它就知道，自己已经找到了那个宝藏——最佳阈值。用这个阈值，图像中的目标和背景就像是被施了魔法一样，能够清晰地分离开来。

二、优点

阈值迭代法的优点在于它的准确性和自适应能力。它像一位经验丰富的探险家,能根据图像本身的灰度分布特点,逐渐找到一个精准的分割点。而且,它不需要人工去判断阈值,能自动适应不同类型的图像,省去了很多麻烦。

三、缺点

当然,这位寻宝者也有它的短板。因为需要不断地试错和调整方向,所以当图像数据量很大时,它会耗费很多时间和精力。这就像是在一片广阔的沙漠中寻找宝藏,需要走很多弯路。而且,如果图像中存在噪声,就像是沙漠中的风沙干扰了寻宝者的视线,可能会让它迷失方向,找到错误的阈值。

另外,虽然寻宝者能不断调整自己的方向,但起点的选择还是很重要的。如果起点选得太离谱,就像是一开始就走错了路,可能会多走很多弯路,甚至陷入困境,找不到那个最佳的分割点。

但总的来说,阈值迭代法还是一种非常实用的图像分割方法。只要我们能合理利用它的优点,避开它的缺点,就能在图像处理方面获得更好的结果。

5.1.3 最大类间方差法

一、基本原理

在图像处理的世界里,有一种被大家亲切地称为“Otsu 法”或“最大类间方差法”的神奇技巧,它就像是一位聪明的分类大师,擅长将图像的像素分成前景和背景两大类。

这位分类大师首先会仔细研究图像的灰度特性，就像我们在观察一群学生的考试成绩一样。它想要找到一个“黄金分割点”——也就是一个最佳的阈值，使得按照这个阈值划分的前景和背景之间的差异最大。换句话说，就是前景和背景的灰度值差别越明显，这个阈值就越优秀。

为了找到这个“黄金分割点”，分类大师会尝试不同的阈值，然后计算每个阈值下前景和背景之间的方差。方差就像是衡量两组数据差异的一把尺子，方差越大，说明两组数据之间的差异就越大。因此，当类间方差达到最大时，对应的阈值就是我们要找的最佳分割阈值。

二、优点

这个方法的优点在于它的自动性和准确性。它不需要我们人工去设定阈值，而是能根据图像本身的灰度分布自动计算出最佳阈值，这大大减轻了人为因素的影响。而且，在很多情况下，它都能找到比较准确的阈值，将图像中的目标和背景清晰地分割开。特别是对于那些具有明显双峰灰度分布的图像，效果更加明显！

三、缺点

不过，这位分类大师也有它的局限性。如果图像的灰度分布不是明显的双峰或者多峰结构，而是比较均匀或者有很多杂乱的峰值，它可能就会感到困惑，找不到合适的阈值，分割效果也就不那么理想。此外，当图像的分辨率较高、数据量较大时，计算量也会显著增加，处理速度会变慢。

四、操作步骤

首先，它会统计图像的灰度直方图，就像我们在统计考试成绩的分布一样。然后，它会从最小的灰度值开始，逐一尝试发现阈值。对于每个阈值，它都会计算前景和背景的像素数量占总像素数量的比例，以及它们的平均灰度值。接着，它会用一个神奇的公式来计算类间方差，这个公式会综合考虑前景和背景的比例、平均灰度值等因素，来衡量两类之间的差异程度。

在尝试完所有可能的灰度值后，分类大师会找到类间方差最大的那个阈值，这就是我们要找的最佳分割阈值。最后，它会用这个阈值对图像进行分割，将灰度值大于阈值的像素设为一类（比如表示前景），灰度值小于等于阈值的像素设为另一类（表示背景），从而完成图像分割（图5-3）。

你看，这位分类大师是不是既聪明又实用呢？

图5-3 最大类间方差法效果图

5.1.4 最大熵法

在探索图像处理的奇妙领域时，我们经常会遇到需要将一幅复杂的图像分解成多个简单部分的任务，这就像是一位画家在创作时，将画布上的各种元素巧妙地组合在一起，而图像分割则是将这些元素一一拆解开来。今天，我们要介绍的是一种非常特别的图像分割方法——最大熵法。这个方法听起来既神秘又高端，但实际上，它的核心理念与我们的日常生活息息相关，让我们一起揭开它的神秘面纱吧！

一、基本原理

首先，我们要明白什么是"熵"。熵，这个源自物理学的概念，在信息论中被赋予了新的生命。简单来说，熵可以理解为衡量一个系统混乱程度或者不确定性的指标。想象一下，如果你走进一个房间，里面的物品摆放得杂乱无章，那么你可能会觉得这个房间的"熵"很高，因为它充满了不确定性，你不知道下一步会踩到什么或者碰到什么。相反，如果房间里的物品都摆放得井井有条，那么它的"熵"就很低，因为一切都显得那么井然有序。

在图像处理的世界里，熵同样扮演着重要的角色。我们可以把图像看作是由无数个像素点组成的大系统，每个像素点都有自己的颜色、亮度等特征。当我们尝试将这些像素点按照一定的规则分成不同的部分时，就像是在整理一个杂乱无章的房间，而我们的目标就是找到一个最佳的分类方式，使得分类后的结果具有最大的不确定性——也就是熵要最大。

你可能会感到困惑，为什么要追求最大的不确定性呢？这不是自相矛盾吗？其实，这里的"最大不确定性"并不是指我们想要得到一个模糊不清的结果，而是指在现有的信息下，我们尝试去找到一个能包含所有可能性的分类方式。因为一开始我们并不知道图像中每个部分的具体划分方式，所以如果我们能找到一种划分方法，让划分后的每个部分都尽可能地保持其内在的不确定性（也就是熵最大），那么这种划分方式可能就是最合理的。

现在，让我们回到最大熵法的主题上。最大熵法的核心思想就是，在将图像中的像素点分类时，要让分类后的结果具有最大的熵。为了实现这一目标，我们需要对图像中的每个像素点进行仔细分析，并根据它们的特征（如颜色、亮度等）来尝试不同的分类方式。

以一幅黑白混合的图像为例，我们想要把黑色的部分和白色的部分分开。这时，最大熵法就会开始它的“探索之旅”。它会首先观察每个像素点的颜色深浅，并尝试将它们分成黑色和白色两类。但是，如果仅仅根据颜色深浅来划分，可能会遇到一些尴尬的情况：有些像素点的颜色既不太深也不太浅，它们既不属于黑色也不属于白色，这时该怎么办呢？

最大熵法的聪明之处在于，它不会仅仅满足于这种简单的划分方式。而是会继续尝试不同的分类方法，直到找到一种能让黑色部分和白色部分的不确定性达到最大的划分方式。在这个过程中，那些原本难以归类的像素点可能会被合理地分配到最适合它们的类别中，从而使得整个图像的分割效果达到最佳。

那么，最大熵法是如何找到这个最佳分类方式的呢？这背后涉及一些复杂的数学计算。简单来说，最大熵法会根据图像中像素点的各种特征（如颜色、亮度等）建立一个数学模型，并通过计算来找到让熵最大的那个分割点或分割区域。这个过程就像是一位数学家在解决一个复杂的方程，他需要不断地尝试和调整，直到找到那个能让方程达到最优解的答案。

二、优点

最大熵法的优点在于它的准确性和适应性。它能够充分利用图像的灰度等信息，通过寻找最优的分割阈值或区域，使得分割结果更接近图像的真实结构。对于一些灰度分布复杂但有一定规律的图像，最大熵法能实现较准确的分割。此外，它不需要对图像的具体分布有很强的先验假设，能适应不同类型和特点的图像，无论是自然图像还是医学图像等，都有一定的分割效果。

三、缺点

然而，最大熵法也并非完美无缺。它的计算复杂度较高，因为在计算最大熵时，需要对大量的图像像素信息进行统计和分析，涉及复杂的数学运算。尤其是对大尺寸图像，计算量会显著增加，导致计算时间较长。此外，最大熵法对噪声也较为敏感。图像中的噪声可能会干扰像素的灰度值，从而影响熵的计算和分割结果。噪声可能会使原本有规律的像素分布变得混乱，导致最大熵法找到的分割阈值或区域出现偏差。

尽管如此，最大熵法仍然是一种非常有用的图像分割方法。它基于信息论中的最大熵原理，有严格的数学理论支持，方法的科学性和可靠性较高。在实际应用中，我们可以通过一些优化手段来降低计算复杂度，提高分割效率。例如，可以采用近似算法来替代精确计算，或者利用并行处理技术来加速计算过程。

四、操作步骤

首先，我们需要准备待分割的图像数据，并将其转换为计算机能够处理的数字形式。这通常意味着我们需要将图像转换为灰度图像或彩色图像的像素矩阵。如果是彩色图像,可能需要先将其转换为灰度图像,以便于后续基于灰度值进行分析。这一步就像是给图像穿上了一件"数字外衣",让它变得可以被计算机识别和处理。

接下来,我们要对图像中每个像素的灰度值进行统计,得到不同灰度值的频率或概率分布。这可以通过建立一个灰度直方图来实现。直方图的横坐标是灰度值,纵坐标是该灰度值出现的频率。这个直方图就像是图像的"指纹",它揭示了图像中灰度值的分布情况,为我们后续的计算提供了重要的信息。

有了灰度分布的信息后,我们就可以定义熵函数了。根据信息论中熵的定义,结合图像的灰度分布,我们可以构建一个熵函数。这个熵函数会考虑每个灰度值的概率以及其对整体不确定性的贡献,通过数学公式来计算图像的熵,这一步让我们能够清晰地看到图像中不确定性的分布。

现在,我们已经准备好了所有必要的工具,接下来就是要找到使熵函数达到最大值的参数了。这个参数可能是一个分割阈值,也可能是一组描述分割区域的参数。为了实现这一目标,我们可以利用数学优化算法,如迭代算法等。在迭代过程中,我们会不断调整参数值,并计算对应的熵值,直到找到那个使熵最大的参数值。这个过程就像是一位探险家在寻找宝藏,他需要不断地尝试和调整方向,直到找到那个隐藏在最深处的宝藏。

一旦我们找到了最大熵对应的参数值,就可以对图像进行分割了。如果是基于阈值的分割,我们将灰度值大于阈值的像素划分为一类(比如表示前景),灰度值小于或等于阈值的像素划分为另一类(如表示背景)。如果是基于区域的分割,则根据参数确定不同的区域,并将像素分配到相应的区域中。这样,我们就完成了图像的分割任务。

最后一步是对分割结果进行评估和后处理。我们可以将其与人工标注的结果进行对比，或者使用一些评估指标，如准确率、召回率等进行量化评估。如果结果不理想，我们可以对参数进行调整或采用一些后处理方法来优化分割结果。这一步就像是对图像分割的结果进行一次“体检”，确保它的准确性和可靠性。

通过最大熵法处理后的图像效果通常非常惊人。原本杂乱无章的像素点被巧妙地分成了不同的部分，每个部分都保持了其内在的不确定性（也就是熵最大），从而使得整个图像看起来更加清晰和有序。这种方法在医学图像处理、卫星图像处理等领域都有广泛的应用价值。

比如，在医学图像处理中，最大熵法可以帮助医生更准确地识别病变区域。通过计算图像的熵值并找到最佳分割阈值或区域，医生可以清晰地看到病变区域与正常组织之间的界限，从而做出更准确的诊断和治疗计划。

在卫星图像处理中，最大熵法同样发挥着重要作用。它可以帮助研究人员从复杂的卫星图像中提取出城市、农田、森林等不同的地物信息。这些信息对于城市规划、环境监测等领域都具有重要的应用价值。

总之，最大熵法是一种非常有趣且实用的图像分割方法（图5-4）。它基于信息论中的最大熵原理，通过寻找最优的分割阈值或区域来实现图像的准确分割。虽然它的计算复杂度较高且对噪声敏感，但通过一些优化手段和后处理方法仍然可以得到令人满意的分割效果。在未来，随着计算机技术的不断发展和进步，我们有理由相信最大熵法将在更多领域展现出独特的优势和价值。

图5-4 最大熵法效果示意图

5.1.5 自适应阈值法

一、基本原理

在图像处理的世界里，如何将一幅图像中的目标和背景准确分开，一直是个让人着迷又充满挑战的难题。特别是当面对那些光照不均、噪声干扰或是背景复杂多变的图像时，传统的全局阈值法往往会显得力不从心。今天，我们就来聊聊一种更为聪明、适应性更强的图像分割方法——自适应阈值法。

想象一下，你手里有一张图片，画面中间亮堂堂的，而四周却显得暗淡无光，如图5-5左图所示。如果用全局阈值法来处理这张图片，比如常见的最大熵法，它会在整个图像范围内寻找一个统一的阈值来分割目标和背景。这样一来，那些暗色区域里的重要信息，很可能就会因为阈值设置不当而被无情地“抹掉”，如图5-5右图所示。这就像是用一把“一刀切”的尺子去衡量所有不同尺寸的物品，结果自然不尽如人意。

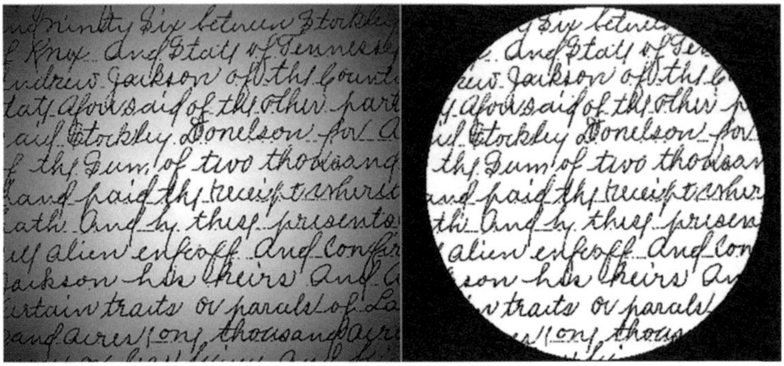

图5-5 最大熵法图像分割的效果

那么,有没有一种方法能够根据不同区域的特点,灵活地调整阈值,从而更准确地分割图像呢？当然有,这就是自适应阈值法。它就像是一位经验丰富的裁缝,能够根据不同身材的特点,量身定制出最合适的衣服。

自适应阈值法的基本思想是这样的:它不再用一个全局统一的阈值来对整个图像进行分割,而是将图像划分成一个个小的子区域,然后针对每个子区域,根据其内部像素值的分布情况,动态地确定一个最适合该区域的阈值。这样一来,即使图像中的光照条件、对比度或是背景灰度发生了较大的变化,自适应阈值法也能够根据每个局部区域的特点,找到最佳的分割方式。

二、优点

首先,自适应阈值法的适应性很强。就像是一位经验丰富的探险家,能够应对各种不同的环境和挑战。自适应阈值法能够很好地处理不同光照条件、不同对比度的图像。对于那些全局光照不均匀,但局部区域有明显特征的图像,它能够根据每个局部区域的特点来确定阈值,从而实现较好的分割效果。这样一来,无论是明亮的阳光还是昏暗的夜晚，自适应阈值法都能够准确地捕捉到图像中的目标。

其次，它的准确性高。就像是一位精准的狙击手，能够一击即中目标。相比固定阈值法，自适应阈值法能够更细致地捕捉图像中的细节信息。因为它考虑了图像的局部特性，能够更准确地将目标从背景中分离出来。尤其是目标和背景的灰度差异在不同区域有变化的情况下，自适应阈值法更能够展现出独特的优势。

三、缺点

首先，自适应阈值法的计算量较大。由于需要对图像的每个子区域进行计算和分析，自适应阈值法的计算复杂度相对较高，处理时间较长。特别是对于大尺寸的图像来说，计算量会显著增加。因此，在实际应用中，我们需要根据具体情况来权衡计算量和分割效果之间的关系。

其次，它对噪声敏感。就像是一位敏感的艺术家，容易受到外界因素的干扰。图像中的噪声可能会干扰子区域内像素值的统计特征计算，导致阈值计算不准确，从而影响分割效果。比如，噪声可能会使某个子区域的平均值或中值发生较大变化，进而使确定的阈值出现偏差。因此，在进行自适应阈值分割之前，我们需要对图像进行充分的预处理操作，以减少噪声对后续处理的影响。

四、操作步骤

那么，自适应阈值法是如何实现这一点的呢？其实，它的过程并不复杂。

首先，是对输入的图像进行一些预处理操作。这些操作就像是给图像“洗洗脸”，去掉那些不需要的“杂质”——噪声。通过使用一些常见的滤波算法，比如高斯滤波，我们可以让图像变得更加平滑，为后续的处理打下良好的基础。

接下来，就是划分图像子区域的关键步骤了。这就像是我们把一块大蛋糕切成许多小块，每一小块都代表着图像的一个子区域。这些子区域的大小和形状可以根据图像的特点来灵活设置。比如，对于均匀分布的图像，我们可以将其划分成大小相等的正方形或矩形子区域；而对于那些边缘复杂或纹理多变的图像，则可以在变化较大的区域划分得更细一些，以确保每个子区域都能反映出图像的真实特征。

有了这些子区域之后，我们就可以开始计算每个子区域的阈值了。这个过程就像是给每个小块蛋糕“称重”，找出它的“平衡点”。自适应阈值法会基于子区域内像素值的统计特征来确定阈值，比如平均值、中值等。以平均值为例，如果一个子区域内像素值的平均值为m，那么我们可以将略高于或略低于m的值作为该子区域的阈值。这样一来，当一个像素的像素值高于这个阈值时，它就被认为是目标的一部分；而当它低于阈值时，则被认为是背景的一部分。

有了这些阈值之后，我们就可以开始对图像进行分割了。这个过程就像是给每个小块蛋糕涂上不同的颜色，以区分它们的不同。我们将每个子区域内的像素值与该子区域的阈值进行比较，按照设定的规则将像素分类为目标或背景。比如，我们可以将像素值大于阈值的像素标记为目标像素，而将小于阈值的像素标记为背景像素。

最后一步是后处理。这一步就像是给已经涂好颜色的蛋糕做一些修饰和点缀，让它看起来更加美观和诱人。通过去除孤立的小像素块、填充孔洞、平滑边界等操作，我们可以进一步优化分割效果，使分割结果更加完整和准确。这样一来，即使是面对那些复杂多变的图像，自适应阈值法也能够游刃有余地将其中的目标和背景准确分开。

最后，让我们来看看自适应阈值法的实际效果吧（图5-6）。通过对比全局阈值法和自适应阈值法的分割结果，我们可以清晰地看到自适应阈值法在处理复杂图像时的优势所在。它不仅能够保留更多的细节信息，还能够更准确地分割出目标和背景。这就像是给图像穿上了一件量身定制的“外衣”，让图像中的每一个部分都焕发出独特的魅力。

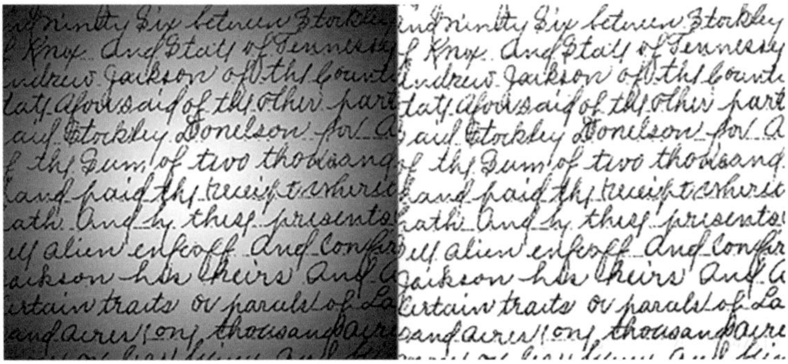

图5-6 自适应阈值法的效果

5.2 基于区域的分割

在图像处理的世界里，有一种分割方法就像是在玩一场高级“拼图游戏”。它不是简单地把图像切割成一块块规则的形状，而是依据图像中不同部分的特点，智能地将它们划分成一个个小区域。这场游戏的名字，就叫做基于区域的分割。

想象一下，你手里有一幅美丽的海滩风景画。画中有蔚蓝的大海、金黄的沙滩，还有一些点缀其间的礁石和海鸥。如果我们要用基于区域的分割方法来处理这幅画，就像是给这幅画做了一次精细的“拼图拆分”。大海的部分会被归为一类，沙滩的部分会被归为另一类，而那些礁石和海鸥则会被各自划分成独立的小区域。每个小区域内的图像特征都比较相似，就像是拼图中的每一块都找到了它应该去的地方。

那么，这场“拼图游戏”是怎么玩的呢？其实，它主要依赖两个关键点：相似性和连续性。

相似性就像是我们在玩拼图时寻找那些边缘能够完美拼接在一起的碎片。在图像中，它意味着我们会把颜色、亮度、纹理等特征相近的像素点归为一类。比如，在那幅海滩风景画中，大海部分的颜色都是蓝色调，沙滩基本是黄色调，我们就可以根据颜色的相似性，把大海和沙滩分别划分成不同的区域。

连续性则像是我们在拼图中发现那些看似分散,但实际上在画面中有逻辑连接的碎片。在图像中,它意味着如果某个物体在图像上是连在一起的,没有被其他不相关的物体隔开,那么这些连续的像素点就应该被划分到同一个区域里。比如,在那片树林的图像中,即使树木的形状各异,但只要它们在图像上是相连的,我们就可以把这些树的像素点都划分到树林这个区域里。

基于区域的分割方法能够很好地保持图像中物体的完整性。就像我们在处理一幅有房子的图像时,它能把整栋房子作为一个区域划分出来,而不会把房子拆得东一块西一块。同时,它对细节展示也很友好。就像那栋房子上的窗户、烟囱等小细节,都会被划分到房子这个区域里,让分割后的图像能够很好地体现原图像的细节。

然而,这场“拼图游戏”也不是没有挑战的。如果图像中存在噪声,也就是那些干扰的小点或线条,它们可能会打乱我们的游戏节奏。这些噪声可能会让算法把本来是一个区域的部分,错误地分成几个区域。这就像是在拼图中,我们不小心把一块碎片放错了位置,导致整个拼图都变得混乱不堪。

另外,基于区域的分割方法的结果还容易受到开始划分的点和规则的影响。这就像是在玩拼图时,我们选择的起点和拼接的顺序都会影响最终的拼图效果。如果一开始选的点或者制定的规则不太好,那么最后分割出来的区域可能就不太对,不能准确反映图像中物体的真实情况。

那么,我们该如何玩好这场“拼图游戏”呢?接下来,就让我们来了解一下其中一种常用的方法——区域生长法。

5.2.1 区域生长法

一、基本原理

区域生长法，就像是我们在花园里种花一样。从一个小小的种子开始，我们给它浇水、施肥，看着它慢慢地长大，最后长成一片美丽的花海。只不过在这里，我们的“种子”是图像中的像素点，“花海”则是我们划分出来的区域。

首先，我们需要在图像中找一些“种子点”。这些“种子点”就像是花园里的种子，它们可以是我们人工指定的，也可以是算法根据图像的一些特征自动找到的。比如在那幅有天空和大地的图像中，我们可能会把颜色比较纯净的天空部分的一个像素点当作天空区域的“种子点”，把颜色偏黄的大地部分的一个像素点当作大地区域的“种子点”。

其次，找到了“种子点”之后，我们就可以开始“生长”区域了。就像是种子在花园里发芽、生长一样，我们会根据一定的规则来判断每个“种子点”周围的像素点要不要加入到这个“种子点”所在的区域。这个规则通常就是看像素点的特征是不是相似，比如颜色、亮度、纹理等特征。如果一个周围的像素点和“种子点”的颜色很接近，或者说它们的亮度值相差不大，那么这个像素点就可能会被加入到以这个“种子点”为中心的区域里。就像是种子吸引了周围合适的元素，让自己的区域慢慢扩大。

然后，被加入的像素点又会作为新的“种子点”，继续去吸引它周围符合条件的像素点。这样，区域就像滚雪球一样不断地生长，直到没有更多符合条件的像素点加入为止。最终，我们就形成了一个完整的区域。

二、优点

区域生长法的优点之一就是它的原理简单直观。就像是种花一样，从种子开始，依据一定规则让区域逐步扩大，不需要复杂高深的理论知识，实现起来也相对容易。同时，它的自适应能力也很强。它能够根据图像自身的特点，自动适应不同的图像内容从而进行区域划分。对于那些特征差异明显的图像，比如一幅有蓝天、绿地和建筑物的风景图，它可以很好地根据颜色、纹理等特征，把蓝天、绿地和建筑物分别划分成不同的区域。

此外，区域生长法在保留细节方面也做得很好。在生长过程中，它会考虑像素点之间的关系，尽可能地将具有相似特征的像素点都包含进来。所以，它能够较好地保留图像中物体的细节信息，不会轻易丢失一些小的特征区域。

三、缺点

区域生长法也不是完美的。它对种子点的选择非常敏感。如果种子点选得不合适，比如选在了噪声点或者不具有代表性的位置上，那么生长出来的区域可能就会出现错误，导致整个分割结果不理想。这就像是在种花时，如果我们把种子种在了不适合它生长的地方，那么最后长出来的花可能就不会那么美丽了。

另外，确定一个合适的生长规则也并不容易。规则过于严格，可能会使一些本应属于同一区域的像素点被排除在外，导致区域不完整；规则过于宽松，又可能会把不同区域的像素点错误地合并到一起，使分割结果混乱。这就像是在给花浇水施肥时，我们需要掌握好量和度，才能让花健康地生长。

最后，区域生长法的计算复杂度也较高。在处理大型图像或者复杂图像时，需要对大量的像素点进行判断和处理，计算量会很大。这就可能导致算法运行速度较慢，消耗较多的时间和计算资源。

那么，我们该如何使用区域生长法来玩好这场“拼图游戏”呢？其实，它的操作步骤并不复杂。

四、操作步骤

首先，我们需要在图像中确定种子点。这些种子点可以是我们人工根据图像的特点指定的，也可以通过算法自动寻找。比如，我们可以寻找图像中灰度值比较特殊或者颜色比较独特的点作为种子点。

然后，我们需要确定生长规则。这个规则就是用来判断一个像素点是否应该加入到某个种子点的生长区域的条件。常见的规则有基于颜色相似性、灰度相似性、纹理相似性等。比如，我们可以设定两个像素点的颜色差值在一定范围内就可认定它们相似。

接下来，我们就可以开始区域生长了。从种子点开始，按照生长规则，依次检查种子点周围的像素点。将符合规则的像素点加入到该种子点所在的区域，然后把新加入的像素点作为新的种子点，继续检查其周围的像素点。不断重复这个过程，使区域不断扩大。

当没有更多符合生长规则的像素点可以加入到区域中时，区域生长过程就会停止。此时，我们就得到了一个完整的分割区域。然后，我们对图像中所有未被划分的像素点重复上述步骤，直到将整个图像分割成不同的区域。

为了更直观地理解区域生长法，我们可以来看一个以像素为基本单位、基于区域灰度差的区域生长的例子。在这个例子中，我们会选择一个灰度值比较特殊的像素点作为种子点，然后设定一个灰度差的阈值作为生长规则。接着，我们从种子点开始，依次检查它周围的像素点。如果某个像素点的灰度值与种子点的灰度值之差在设定的阈值范围内，那么这个像素点就会被加入到种子点所在的区域。然后，新加入的像素点又会作为新的种子点，继续去吸引它周围符合条件的像素点。这样，区域就会像滚雪球一样不断地生长，直到形成完整的分割区域。

通过这个过程，我们可以看到区域生长法是如何根据像素点的相似性来划分区域的。它就像是一个聪明的拼图玩家，能够准确地找到那些应该被划分到一起的像素点，并将它们组合成一个完整的区域（图5-7）。

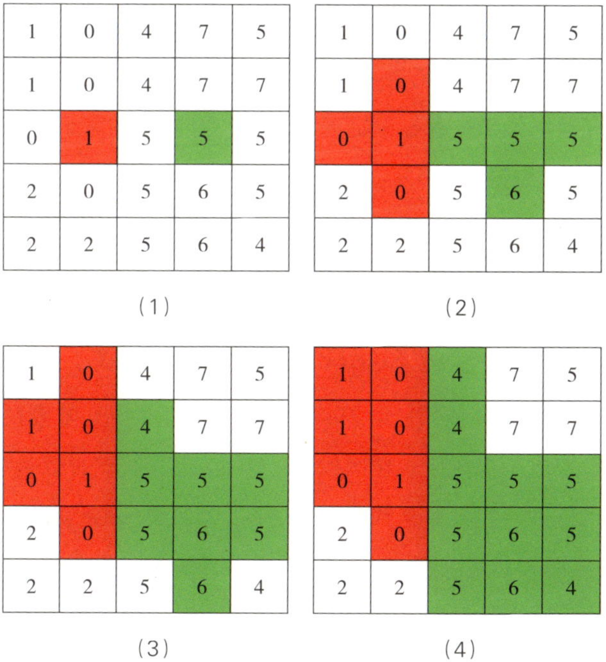

（灰度差的阈值为≤1）

图5-7 区域生长法示例

总的来说,基于区域的分割方法就像是一场有趣的“拼图游戏”。它不仅能够保持图像中物体的完整性,还能够很好地展示图像中的细节信息。而区域生长法作为其中的一种常用方法,更是以简单直观的原理、强大的自适应能力和良好的细节保留效果而备受青睐。当然,它也有一些不足之处,比如对种子点的敏感性和较高的计算复杂度等。

5.2.2 区域分割与归并法

在图像处理的世界里,我们常常需要对图像进行分割和归并,以便更好地理解图像内容。这就像是玩一场有趣的拼图游戏,只不过这次我们要处理的不是一块块小纸片,而是图像中的不同区域。接下来,我们就来一起探索这场“图像拼图游戏”的两个主要玩法:区域生长和区域分割归并。

一、基本原理

首先,让我们来了解一下区域生长。区域生长就像是从一个或几个起点出发,逐渐“生长”出整个区域。这个过程有点类似于我们在花园里种下一颗种子,随着时间的推移,这颗种子慢慢发芽、长大,最终变成一棵大树。在图像处理中,这个“种子”可以是某个或某些像素点,它们具有某种特定的特征,比如颜色、亮度等。然后,根据一定的相似性准则,我们逐步将周围相似的像素点纳入这个区域,直到无法再找到更多相似的像素点为止。这样,我们就得到了一个完整的区域,实现了目标提取。

然而,有时候我们并不需要从某个起点开始生长,而是希望从整个图像出发,逐步分割出不同的区域,然后再将这些区域进行归并。这就是区域分割归并的过程，它更像是拼图游戏的逆过程。首先，我们把整个图像看作一块大拼图，然后根据一定的规则，比如颜色、纹理等，将这块大拼图拆分成许多小块。这些小块就像是拼图游戏中的一个个小碎片，它们可能有的相似，有的不同。接着，我们再根据相似性准则，将这些小块进行归并，把相似的部分拼在一起，形成一个更大的区域。这个过程不断重复，直到所有的小块都被合理地归并到一起，形成一个完整的拼图。

区域分割就像是我们在拆散拼图，而区域归并就像是在重新组装拼图。通过这两个过程，我们可以更灵活地处理各种复杂的图像，不管图像中的物体形状、分布有多奇怪，都能尽量把它们划分清楚。

二、四叉树法

在区域分割归并的过程中，我们需要一个规则来指导我们如何拆分和归并图像，而四叉树法就是这样一种常见的规则。

1.四叉树法的原理

四叉树法就像是一个有趣的切割游戏。首先，我们把整个图像看作一块完整的方形大蛋糕，然后从中间横竖各切一刀，把它切成大小相等的四块，这就是“四叉”的由来。接着，我们再看每个小区域，如果这个小区域内的图像特征比较一致，比如颜色都差不多，那我们就把它当作一个独立的区域保留下来。如果不一致，我们就继续把这个小区域再按照同样的方法切成四个更小的区域。这个过程不断重复，直到每个小区域都满足我们设定的相似性准则为止。

通过这个过程，我们就形成了一个像树一样的结构。最开始的大正方形是树根，然后每次切割都会得到四个更小的正方形区域，这些区域就像是树的分支。最后划分出的小区域就像是树的叶子。这样，我们就用四叉树法把图像有条理地分割成了不同的部分。

这个过程就像是我们在玩一个切割和拼装的游戏，我们需要不断地尝试和调整，直到所有的小块都被合理地归并到一起，形成了一个完整的拼图。

2.示例

为了更直观地理解这个过程，我们可以举一个例子。假设我们有一个图像，用I来表示整个图像，P代表某种相似性准则。首先，我们把图像等分为四个区域，然后反复将分割得到的子图像再次分为四个区域，直到对任意一个小区域I_i，P(I_i)=TRUE，表示这个小区域已经满足相似性准则，比如该区域内的灰度值相等或相似。此时，我们就不再对这个小区域进行分割操作了。这个过程可以用四叉树的形式来表示。(图5-8)

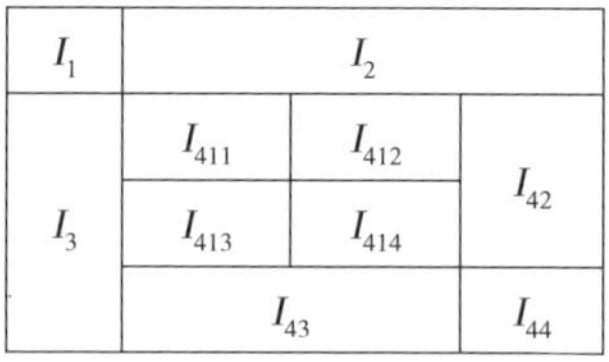

图5-8 四叉树法图像分割示意

在四叉树法中，我们会一直对图像进行分解，直到像素级别，也就是把图像分解成一个一个的像素。这个过程就像是我们在不断地切割蛋糕，直到每一块蛋糕都小到无法再切割为止。然后，我们再用树的结构来表示这个切割过程，就像是一株不断生长的树，从树根到树枝，再到树叶，如图5-9所示。

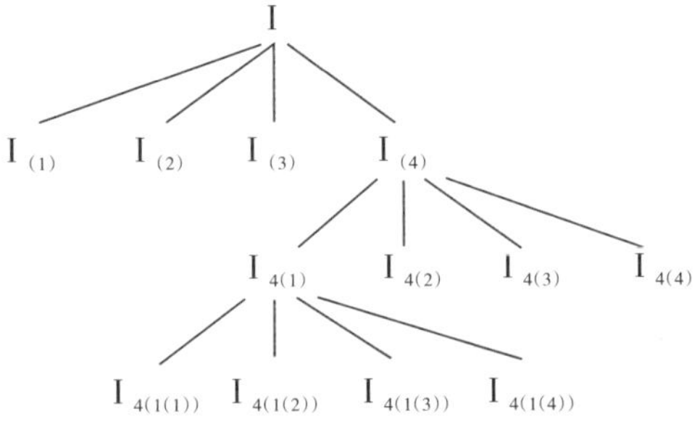

图5-9 图像分割四叉树

当我们用四叉树法把图像分割成很多小块后，就可以开始检查这些小块了。我们从最底层的小块开始看起，如果相邻的四个小块它们的特征很相似，比如颜色、纹理等都差不多，我们就可以把这四个小块合并成一个大一点的块。这个过程就像是我们在玩拼图游戏时，把四块小拼图拼成了一块大一点的拼图。然后，我们再看新形成的这些大一点的块，如果它们也满足相似的条件，就继续把相邻的四个大一点的块再合并成更大的块。这个过程就像是在搭积木一样，不断地把相似的小块组合成更大的块。

一直进行这个操作，直到没有可以合并的块为止。最后，我们就得到了经过归并后的、更合理的图像区域划分。这个过程就像是我们在完成一幅拼图作品时，把所有的小碎片都合理地拼在了一起，形成了一个完整、美观的画面。整个过程如图5-10所示。

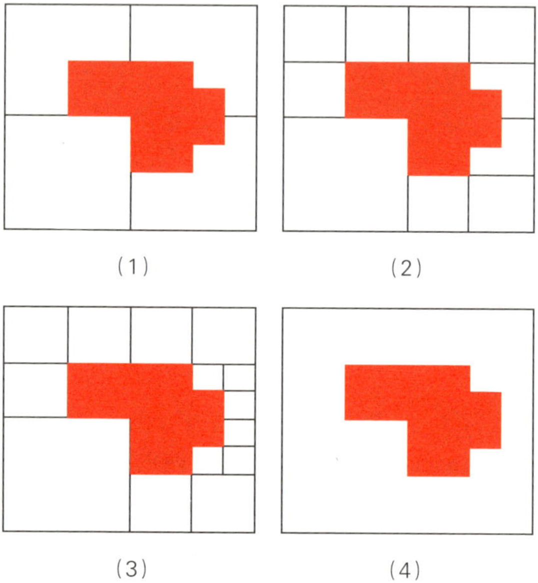

图5-10 区域分割与归并示意图

三、区域生长法和区域分割与归并法的比较

在图像处理中，区域生长法和区域分割与归并法都是非常重要的方法。它们各有优缺点，适用于不同的场景。

从操作方式上看，区域生长法更像是从一个起点出发，逐渐扩展出一个完整的区域。这个过程比较直观和简单，但是依赖于种子点的选择和生长规则的设定。如果种子点选择不当或者生长规则不合理，就可能导致分割结果不准确。而区域分割与归并法则是先从整个图像出发，逐步分割出不同的区域，然后再进行归并。这个过程比较复杂和烦琐，但是能够更灵活地处理各种复杂的图像。

从对图像的适应性上看，区域生长法更适合处理那些有明显种子点特征且区域相对集中的图像。它能够较好地从特定点扩展出完整区域,但是对于那些形状不规则、分布不均匀的图像来说,可能就不太适用了。而区域分割与归并法则对复杂、不规则的图像更有优势。它能够先打散图像,再根据整体情况合理归并,从而得到更准确的分割结果。

从计算量和效率上看,区域生长法如果种子点选择得当且生长规则简单明了的话,计算量相对较小且生长速度较快。但是一旦图像变得复杂起来或者需要处理大量的像素点时,计算量就会显著增加。而区域分割与归并法则由于要先进行分割再判断归并,因此计算量通常较大。尤其是当图像非常复杂时,可能需要花费较长的时间才能得到满意的分割结果。

从分割结果的准确性上看,区域生长法容易受到种子点和生长规则的影响。如果这两个因素选择不当或者设定不合理的话,就可能导致分割结果不准确甚至完全错误。而区域分割与归并法则经过多轮分割和归并的迭代过程,理论上能够得到更准确、更符合图像实际的分割结果。但是这个过程也依赖于相似性准则的设定和判断标准的确定。如果这两个因素存在问题的话,也可能导致分割结果不准确或者出现错误。

总的来说,区域生长法和区域分割与归并法都是图像处理中非常重要的方法。它们各有优缺点且适用于不同的场景。在实际应用中,我们需要根据具体的图像特点和处理需求来选择合适的方法。同时,我们也需要不断地优化和改进这些方法,以提高它们的准确性和效率。

就像是在玩一场拼图游戏一样,我们需要不断地尝试和调整不同的方法和策略,直到找到最适合的方法。只有这样,我们才能更好地理解和处理图像中的信息,为后续的图像分析和应用打下坚实的基础。

5.2.3 分水岭法

一、基本原理

在图像处理的广阔天地里，有一种方法特别引人入胜，它就像是自然界中一场奇妙探险，将图像的分割过程变得既形象又富有诗意，这种方法就是分水岭法。它以独特的视角和直观的操作，成为了图像分割领域的一颗璀璨明珠。

分水岭法的灵感来源于地形地貌。如果我们把一张图像看作是一张详细的地形图，那么图像的灰度值就仿佛是地面上的高低起伏。灰度值高的地方，就像是巍峨的山峰，挺拔而醒目；灰度值低的地方，则如同深邃的山谷，宁静而幽远。在这样的地形图中，分水岭法要做的，就是找到那些把不同"积水区域"分隔开的"山脊线"。这些"山脊线"，正是我们苦苦追寻的图像分割边界。

要踏上这场探险之旅，我们首先需要做一些准备工作。就像探险家需要携带装备一样，我们在处理图像时，也需要对图像进行一些预处理。这些预处理步骤，就像是探险前的热身运动，它们帮助我们找到图像中那些明显的山谷点，也就是灰度值较低的区域。这些山谷点，就像是不同区域的起始点，它们将作为我们接下来注水的起点。

接下来，就是分水岭法的核心步骤了——注水。想象一下，如果我们在这些山谷点里慢慢地注入清水，随着水位的不断上升，水会开始从山谷向周围蔓延。这个过程就像是雨水滋润大地，水流沿着山谷的走势，逐渐覆盖了整个地形。在这个过程中，我们会看到，当不同山谷的水快要碰到一起的时候，它们之间会形成一条明显的分界线。这条分界线,就像是真正的分水岭一样,把两边的水分隔开来,阻止了它们的汇合。

在图像的世界里,这条分界线就是我们梦寐以求的分割线。它像一把锋利的刀,精准地将图像分割成了不同的区域。每个区域都像是被分水岭隔开的不同流域,它们各自独立,又相互依存。这样的分割效果,既自然又准确,让人不禁感叹分水岭法的巧妙与神奇。

分水岭法的优点在于,它能够很自然地找到图像中物体的边界。对于一些具有明显轮廓的图像来说,分水岭法的分割效果几乎可以用完美来形容。而且,与其他一些需要设定复杂参数或种子点的方法相比,分水岭法显得更为简洁和直观。它不需要我们进行烦琐的设置和调整,只需要按照自然的规律,让水流自由地蔓延和分割(图5-11)。

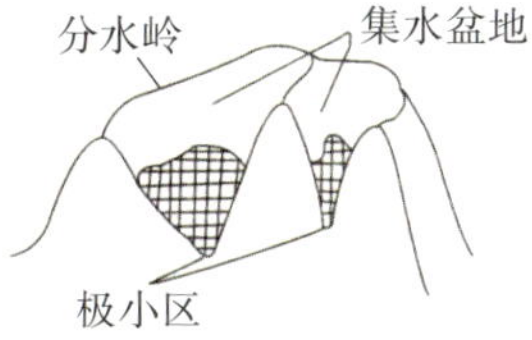

(1)

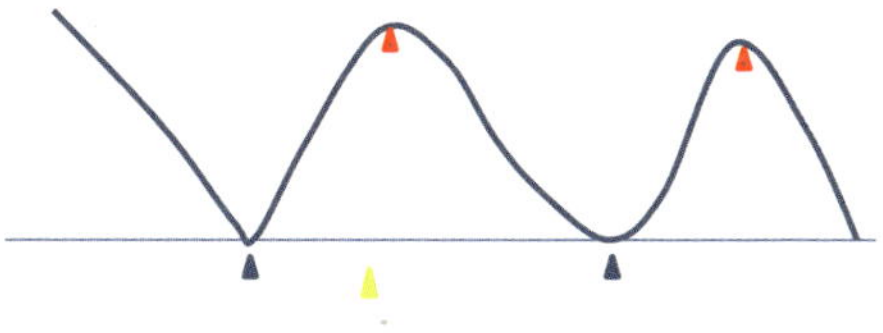

(2)

图5-11 分水岭示意

图5-11是分水岭法原理的示意图,其中的小图(1)是分水岭的全景图,小图(2)是横切面。图中蓝色的三角指示的是最小值点,黄色是其他点,红色指示的是局部最大值,也就是区域边缘。

我们来看几张算法过程的截图。(图5-12)

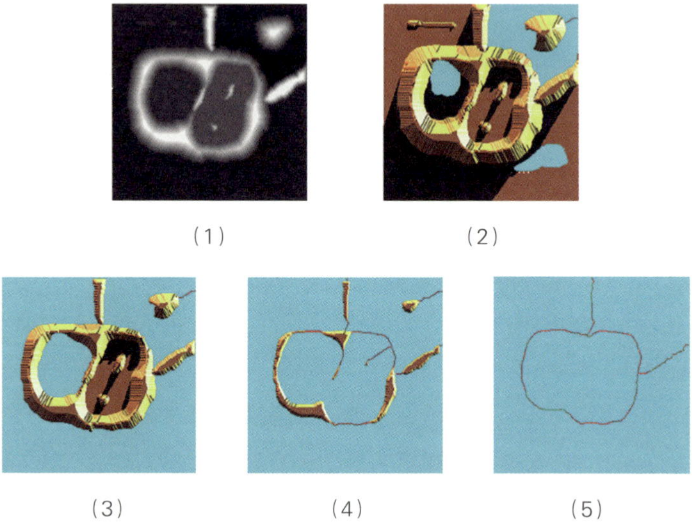

图 5-12 分水岭法的算法过程示意

图 5-12 是分水岭法过程的示意图，小图（1）是原始的灰度化图像，从小图（2）开始，就是分水岭算法的"注水"过程。经典的分水岭算法是从灰度值的极小值开始，所以我们看到小图（2）中蓝色的区域就是注水的区域，在小图（3）与小图（4）中，我们已经可以看见大致的区域轮廓，最后的小图（5）显示出的就是分水岭法处理过后的图像。和最初的灰度图对比，确实有效地区分出了局部区域。

然而，就像探险之旅中总会遇到一些意想不到的困难一样，分水岭法在实际应用中也会遇到一些问题。其中最常见的问题就是过度分割（图 5-13）。由于图像中总是存在一些噪声或干扰因素，这些因素会导致图像中出现很多不必要的"小山谷"。当我们在这些"小山谷"里注水时，就会产生很多琐碎的小区域，这些区域对于我们的图像分割来说是没有意义的。

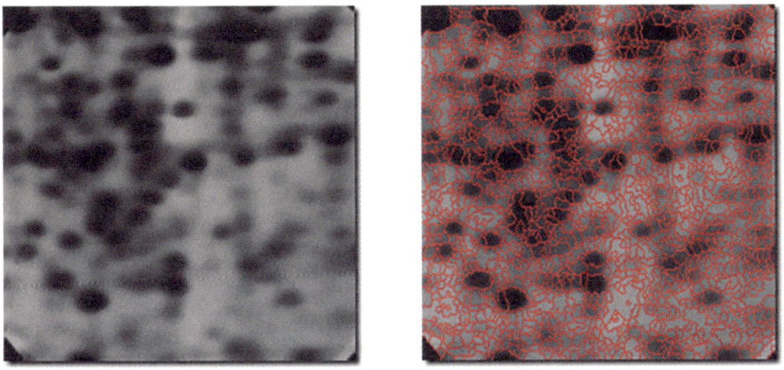

图5-13 过度分割示意

面对这个问题，科学家们并没有气馁。他们像智慧的探险家一样，在分水岭法的基础上进行了改进和创新。于是，一种基于标记的分水岭法应运而生。这种方法就像是给地形图上的不同“领地”插上了旗帜，它先根据图像的特点或我们已知的一些物体特征，在图像上标记出一些确定的区域。这些标记就像是探险家留下的路标，它们指引着我们注水的方向。

在基于标记的分水岭法中，水不再是从所有的山谷点开始蔓延，而是只从我们标记的地方开始扩散。这样一来，那些不必要的“小山谷”就不会再产生琐碎的分割了。当不同标记点的水蔓延到快要相遇时，它们之间形成的分界线就是我们想要的图像分割边界。这种方法不仅避免了过度分割的问题，还让图像分割的结果更加符合我们对图像中物体的理解和实际需求。

举个例子来说，就像一张复杂的地图上有很多山峰和山谷，但我们并不需要把所有的山谷都标记为不同的区域。相反，我们可以根据地图的特点和我们的需求，选择一些重要的山谷进行标记。然后，在这些标记的山谷里注水，让水流沿着山谷的走势蔓延。当不同标记点的水相遇时，它们之间形成的分界线就是我们要寻找的地图分割边界。这样一来，我们就可以把地图分割成几个大的区域，每个区域都代表着不同的地理特征或功能区域，如图5-14所示。

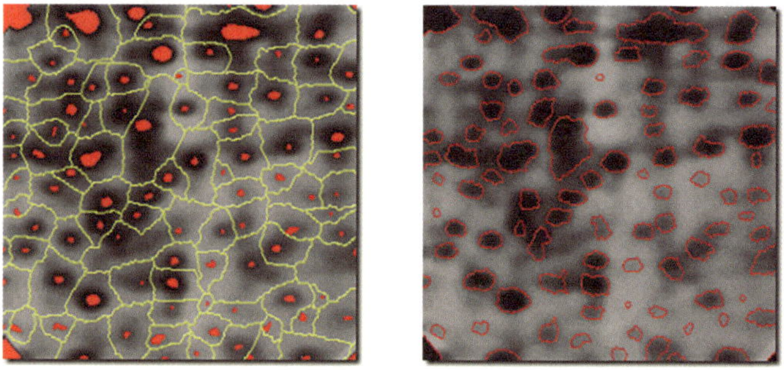

图5-14 基于标记的分水岭法效果示意

基于标记的分水岭法就是这样一种智慧而高效的方法。它像是一位经验丰富的探险家，能够准确地找到图像中的关键区域，并进行有效的分割。这种方法的出现，无疑给图像分割领域带来了新的活力和希望。

当然，任何方法都不是万能的。分水岭法虽然具有很多优点，但在实际应用中还有一些需要注意的问题。比如，由于噪声等因素的影响，分水岭法有时会出现一些不准确的分割结果。这时，我们就需要借助其他方法来进行修正和优化。就像探险家在旅途中需要不断调整自己的路线和策略一样，我们在使用分水岭法时也需要根据具体情况进行灵活处理和调整。

此外，分水岭法的实现过程虽然相对简单且速度快，但在处理一些复杂图像时还是需要花费一定的时间和计算资源。因此，在实际应用中，我们需要根据图像的特点和我们的需求来选择合适的分割方法和参数设置。

总的来说，分水岭法是一种既形象又直观的图像分割方法。它像是一场奇妙的探险之旅。在这场旅途中,我们不仅可以欣赏到图像分割的奇妙景象,还可以领略到科学探索的无穷魅力。

当我们看着那些被分水岭法精准分割出来的图像区域时,就像是看着一件件被精心雕琢的艺术品。它们既独立成篇,又相互呼应,共同构成了一幅完整而美丽的图像。这样的分割效果,不仅让我们对分水岭法充满了敬意和赞叹,也让我们对图像处理的未来充满了期待和憧憬。我们看看完整的分水岭算法效果(图5-15)。

图5-15 分水岭算法效果

分水岭法就像是一颗璀璨的明珠,以它独特的魅力和无限的潜力,吸引着越来越多的科学家和工程师前来探索和研究。我们相信,在未来的日子里,分水岭法将会继续为我们带来更多的惊喜和发现,让图像分割的领域变得更加丰富多彩和充满生机。

就像探险家们总是在未知的领域里寻找新的突破和发现一样,我们也期待着分水岭法在图像分割领域里绽放出更加绚丽的光彩。让我们一起踏上这场奇妙的探险之旅吧!在分水岭法的指引下,我们一定能够发现更多隐藏在图像世界中的奥秘和美丽。

5.3 边缘检测

在图像处理的世界里，边缘检测就像是一位技艺高超的画家，它用独特的笔触勾勒出图像中物体的轮廓，让我们能够清晰地看到物体的形状和边界。这项技术看似简单，实则蕴含着深奥的数学和算法原理。接下来，让我们一起踏上这场探索边缘检测的奇妙之旅吧！

一、基本原理

图像，这个由无数像素点组成的奇妙世界，每个像素点都承载着颜色和亮度的信息。这些信息，用数值来表示，就是灰度值。而图像的边缘，正是这些灰度值发生快速变化的区域。

想象一下，你手中有一张描绘着蓝天和青山的图片。蓝天部分的像素灰度值较高，显示为明亮的蓝色；而青山部分的像素灰度值较低，呈现出深邃的绿色。在蓝天和青山的交界处，灰度值就像是一条平滑的滑梯，从高到低迅速滑落。这个滑梯的拐点，就是我们要找的边缘。

边缘检测，正是基于这个原理，通过检测图像中灰度值的快速变化，来找到物体的轮廓。它就像是一位敏锐的侦探，能够捕捉到图像中那些细微的线索，揭示出隐藏在像素点背后的秘密。

二、面临的挑战

然而，在寻找精确轮廓的过程中，我们不得不面对三大挑战：噪声干扰、多尺度问题和边缘模糊。

噪声，就像是图像中的小淘气，它会让灰度值出现无规律的变化，导致原本平滑的边缘变得杂乱无章。这就像是在平静的湖面上投下一颗石子，激起层层涟漪，让原本清晰的倒影变得模糊不清。

多尺度问题则更加复杂。图像中的物体大小不一，有的庞大如山，有的微小如尘。对于小物体，我们需要用小尺度的检测方法才能准确找到边缘；而对于大物体，则需要大尺度的方法。这就像是寻找隐藏在森林中的宝藏，我们需要选择合适的工具和策略。

边缘模糊，则是另一个让人头疼的问题。有些图像中的物体边缘并不是清晰锐利的，而是模糊渐变的。就像远处的山峦在雾气中若隐若现，让人难以捉摸。这种模糊的边缘使得确定边缘的准确位置变得异常困难。

三、实际应用

尽管面临诸多挑战，边缘检测仍然在图像处理的众多领域发挥着重要作用。

在图像识别领域，边缘检测是识别物体轮廓的关键步骤。通过找到物体的轮廓，我们可以更容易地分辨出这是一只猫还是一只狗，是汽车还是自行车。就像我们在看一幅画时，首先注意到的是物体的轮廓和形状一样，边缘检测也帮助计算机理解了图像中的物体。

在图像编辑领域，边缘检测更是不可或缺的工具。无论是进行图像裁剪、抠图还是其他编辑操作，我们都需要准确地选中要处理的物体的边缘。边缘检测就像是一位精准的雕刻师,它能够帮助我们实现这一目标,让编辑效果更加自然和准确。

在视频监控领域,边缘检测也发挥着重要作用。通过检测移动物体的轮廓,我们可以及时发现异常情况,比如有人闯入或者物体被移动。

5.3.1 索贝尔算子(Sobel算子)

在边缘检测的众多方法中,索贝尔算子无疑是一位技艺高超的猎手。它凭借两个小矩阵——卷积核,在图像中捕捉方向和变化。

检测水平边缘的卷积核,就像是一位水平方向的侦探。它会在图像中一格一格地移动,对每个位置的像素进行计算。当遇到水平方向上的灰度值快速变化时,它就会发出警报,告诉我们这里可能有水平方向的边缘。

检测垂直边缘的卷积核则是一位垂直方向的侦探。它的工作原理与水平方向的侦探类似,只不过它更关注垂直方向上灰度值的变化。当遇到垂直方向上的快速变化时,它就会发出警报。

最后,索贝尔算子会将这两个方向的计算结果综合起来,通过一些数学方法(如求平方或开方)得到一个最终的值。这个值越大,就说明这个地方越有可能是边缘。

就这样,索贝尔算子像一位经验丰富的猎人,在图像中捕捉着方向和变化的线索,勾勒出物体的轮廓。

5.3.2 拉普拉斯算子(Laplace算子)

如果说索贝尔算子是一位方向感敏锐的猎人,那么拉普拉斯算子则是一位全能型的侦探。它不仅能够检测到水平和垂直方向上的变化,还能够全方位地捕捉到图像的变化。

拉普拉斯算子通过计算每个像素和它周围像素的差异来找到图像中的边界和变化剧烈的地方。它就像一个拿着放大镜的侦探,在图像中仔细搜寻着每一个细微的线索。

当遇到边界或变化剧烈的地方时,拉普拉斯算子会发出强烈的信号。这些信号就像是指引着我们找到宝藏的线索一样,帮助我们准确地定位到图像中的边缘。

然而,拉普拉斯算子也有它的局限性。它对噪声比较敏感,就像是一位容易被干扰的侦探一样。因此,在使用时需要小心处理噪声问题,以免误判。

尽管如此,拉普拉斯算子仍然是一位不可或缺的侦探。它与其他方法结合使用,可以发挥出更大的威力。比如与阈值法结合使用,可以更准确地将图像分割成不同的区域。

5.3.3 坎尼算子(Canny算子)

在边缘检测的舞台上,坎尼算子无疑是一位备受瞩目的明星。它以严谨的流程和智慧的策略,在图像中准确地找到物体的边缘。

坎尼算子的工作流程就像是一场精心策划的寻宝游戏。首先,它会对图像进行高斯滤波处理,就像是一位细心的清洁工一样,将图像中的小噪点一一清除干净。这样可以让图像变得更加清晰和平滑,有利于后续的边缘检测。(图5-16)

图 5-16 图像平滑处理效果

接下来，坎尼算子会计算每个像素在水平和垂直方向上的梯度值。这些梯度值就像是指引我们找到宝藏的线索一样重要。通过比较不同像素的梯度值大小，我们可以初步确定哪些像素可能位于边缘上，看看它们有没有"异常"的变化。（图 5-17）

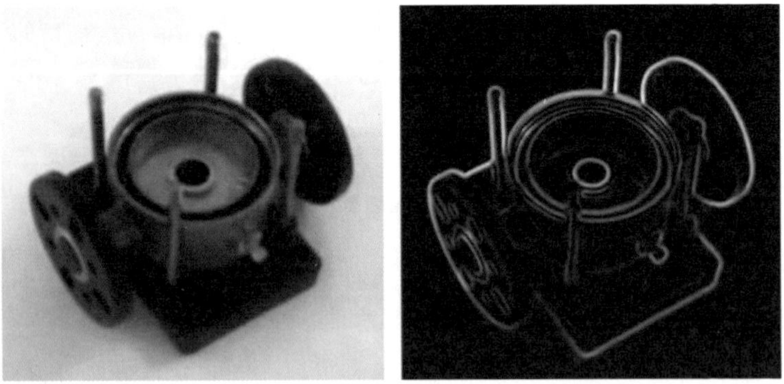

图 5-17 梯度值处理效果

然而，坎尼算子的智慧远不止于此。它还会进行非极大值抑制处理。这一步就像是在一群候选人中选出最优秀的人一样艰难。坎尼算子会在那些可能是边缘的点中选出变化最明显、最突出的点作为最终的边缘点。这样可以让边缘变得更加清晰和准确。（图 5-18）

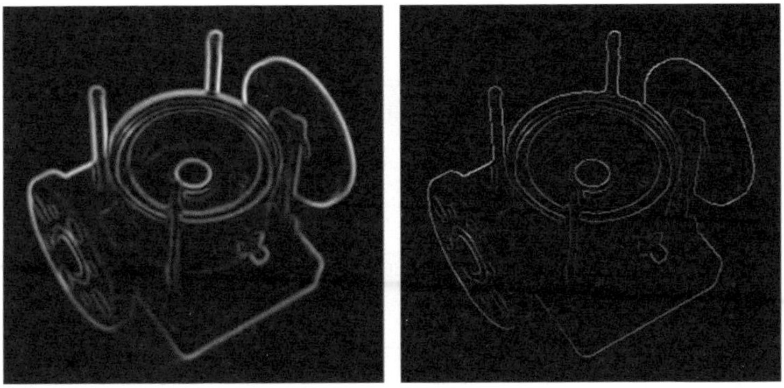

图5-18 非极大值抑制处理效果

最后一步是双阈值检测。坎尼算子会设定两个阈值:一个高阈值和一个低阈值。通过比较每个像素的梯度值与这两个阈值的大小关系,我们可以进一步确定哪些像素是真正的边缘点。这一步就像是在最后一刻做出决定一样关键,它决定了我们能否准确地找到图像中的边缘。(图5-19)

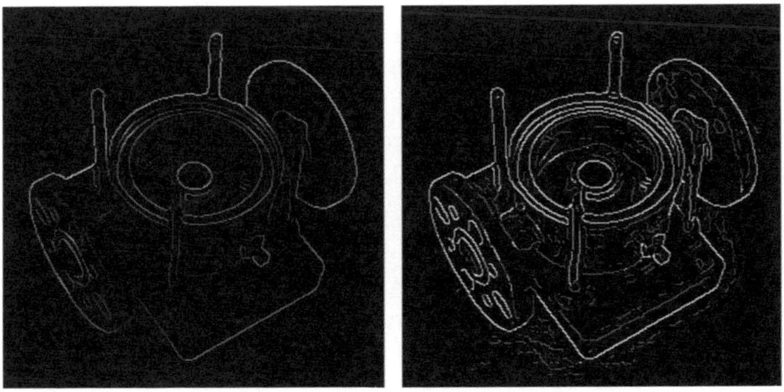

图5-19 双阈值检测处理效果

就这样,坎尼算子以严谨的流程和智慧的策略成功地找到了图像中的边缘。它的表现就像是一位技艺高超的画家一样出色,让我们能够清晰地看到图像中物体的轮廓和形状。

5.3.4 三种边缘检测算子的比较

在图像的世界里，有一群特殊的“侦探”，它们擅长从不同角度、不同方式去揭示图像中的秘密，特别是那些隐藏在像素点之间的边界和变化。它们就是索贝尔算子、拉普拉斯算子和坎尼算子，这三位好朋友各自拥有的独特技能，共同在图像分割的舞台上大放异彩。

一、索贝尔算子

想象一下，你手中有一幅拼图，每一个小块都代表一个像素点，它们组合在一起形成了一幅完整的图像。现在，我们要找出这幅图像中的边界，就像找出拼图中不同部分的连接线一样。索贝尔算子就是这样一位“方向侦察兵”，它专门负责寻找图像中像素点颜色和亮度的变化，尤其是在水平和垂直方向。

如果把图像比作一个操场，每个像素点就是操场上的小朋友，他们整齐地排列着。索贝尔算子则像是一个拿着望远镜的侦察员，它从左到右、从前往后仔细观察每一个小朋友的位置变化。如果它发现某个地方小朋友的位置变化特别大，那就意味着这里可能有一条边界，或者是图像中某个物体的边缘。

索贝尔算子有两个“秘密武器”：一个是水平方向变化的模板，另一个是垂直方向变化的模板。当它在图像上移动时，会用这两个模板去计算每个像素点周围像素的变化程度。通过一种简单的数学方法，它能够得出这个像素点在水平和垂直方向上的变化程度。最后，把这两个方向的变化程度综合起来，就能判断这个像素点是否位于边界上。

在一幅有房子的图像中，索贝尔算子能轻松地找到房子的边缘。因为房子的边缘处，像素的颜色和亮度变化非常明显，就像操场上的小朋友突然转弯或者站错了位置一样。索贝尔算子就像一位经验丰富的侦察员，能够迅速锁定目标，为图像分割提供重要的线索。

二、拉普拉斯算子

如果说索贝尔算子是一位专注于方向和变化的“侦察兵”，那么拉普拉斯算子则更像是一个“全能探测器”。它不仅仅关心水平和垂直方向的变化，而且关注一个像素点周围所有方向的变化情况。

在操场的比喻中，拉普拉斯算子就像是一个站在操场中央的指挥家。它要观察周围所有小朋友的位置变化，如果某个小朋友周围的其他小朋友都离他比较远，或者分布很不均匀，那就说明这个小朋友的位置有点特别。在图像中也是如此，拉普拉斯算子会去看一个像素点周围的像素值是否和它自己的值有很大的差别。如果差别很大，那就意味着这个像素点可能位于一个特别的位置，比如物体的边缘，或者是图像中一些变化明显的地方。

拉普拉斯算子通过一种特殊的数学计算来实现这个功能。它会把一个像素点和它周围的像素点的值进行一些加减运算，然后根据结果来判断这个像素点的情况。如果计算结果很大或者很小，那就说明这个像素点可能是我们要找的边缘点，或者是有特殊变化的点。

在一幅有云彩的天空图像中，拉普拉斯算子能够找到云彩的那些不规则的边缘。因为云彩的边缘处像素值的变化比较复杂，不是简单的水平或垂直方向的变化。而拉普拉斯算子就像一个经验丰富的侦探，能够捕捉到这些复杂的变化，为图像分割提供更加精确的信息。

三、坎尼算子

相比索贝尔算子和拉普拉斯算子，坎尼算子更像是一位“超级侦探”。它有一套非常严谨的“破案”流程来找到图像中的边界。首先，它会像一个细心的清洁员一样，用高斯滤波把图像中的小噪点都清理掉，让图像变得干干净净。这就像我们要在一个干净的房间里找东西一样，会更容易找到目标。

然后，坎尼算子会像索贝尔算子一样，去计算每个像素点在水平和垂直方向上的变化，也就是计算梯度。通过梯度计算，它能够知道哪些地方的像素值变化比较大，哪些地方可能有边界。这就像侦探在案发现场寻找线索一样，通过仔细观察和计算，能够找到关键的证据。

接下来，坎尼算子会进行非极大值抑制。这就像是在一群候选人中选出最优秀的人一样。它会在那些可能是边界的点中，选出变化最明显、最突出的点，把那些不太确定的点去掉，让边界变得更清晰、更准确。这就像侦探在众多的线索中筛选出最重要的信息一样，能够更快地找到真相。

最后，坎尼算子会用双阈值检测来做最后的判断。它设定了一个高阈值和一个低阈值。如果一个点的梯度值大于高阈值，那它肯定就是边界上的点；如果小于低阈值，那就不太可能是边界点，就被排除掉；而那些在低阈值和高阈值之间的点，坎尼算子会再看看它们周围的情况。如果周围有已经确定是边界的点，那它们也会被认为是边界点，否则就被排除掉。这就像侦探在最后的审讯中，通过综合考虑各种证据和线索，得出最终的结论。

通过这样一套严格的流程，坎尼算子找出来的边界非常准确。它就像一位经验丰富的侦探，能够在复杂的图像中找到隐藏的线索和边界，为图像分割提供最有力的支持。

在图像分割的舞台上，索贝尔算子、拉普拉斯算子和坎尼算子就像三位好朋友一样，各自发挥着自己的优势，共同完成任务。索贝尔算子能够快速找到水平和垂直方向上的明显变化，为图像分割提供初步的线索；拉普拉斯算子则能够检测到更复杂的全方位变化，为图像分割提供更加精确的信息；而坎尼算子则通过一套严谨的流程，能够更准确地找到图像中物体的边界。

它们就像一支默契的“侦探小队”，在图像世界中不断探索和发现。无论是在医学图像分析、自动驾驶，还是卫星图像监测等领域，它们都发挥着重要的作用。它们能帮助我们更好地理解和处理图像，让我们的生活变得更加美好。

比如在医学图像分析中，它们能够帮助医生更准确地识别病变部位和边界，为诊断和治疗提供有力的支持；在自动驾驶中，它们能够帮助车辆更准确地识别道路和障碍物，提高驾驶的安全性和可靠性；在卫星图像监测中，它们能够帮助我们更好地识别地形和地貌特征，为环境保护和城市规划提供重要的数据支持。

可以说，索贝尔算子、拉普拉斯算子和坎尼算子在图像分割领域中的贡献是巨大的。它们就像三位英勇的“侦探”，用智慧和勇气为我们揭示图像世界的奥秘。在未来的发展中，它们还将继续发挥重要的作用，为我们的生活带来更多的便利和惊喜。

为了更直观地了解索贝尔算子、拉普拉斯算子和坎尼算子的处理效果，我们可以看一下它们在不同图像中的应用结果。（图 5-20）

(1)原图

(2)索贝尔算子效果　(3)拉普拉斯算子效果　(4)坎尼算子效果

图5-20 不同的边缘检测算子效果

通过对比不同边缘检测算子的处理效果，我们可以发现它们各自的优势和特点。索贝尔算子快速且准确，适合处理一些简单的图像；拉普拉斯算子则能够捕捉到更加复杂和细微的变化，适合处理一些细节丰富的图像；而坎尼算子则通过严格的流程和判断，得出了最准确的边界结果，适合处理一些对精度要求较高的图像。

在未来的发展中，随着图像处理和计算机视觉技术的不断进步，索贝尔算子、拉普拉斯算子和坎尼算子还将继续发挥重要的作用。它们将不断适应新的应用场景和需求，为我们揭示更多图像世界的奥秘。

第六章 特征与特征匹配

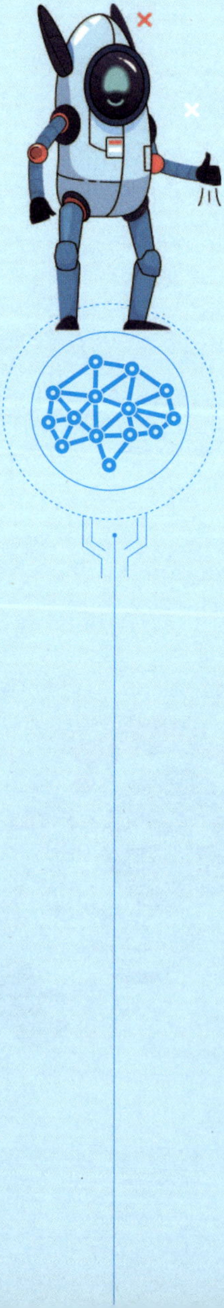

图像，就像一个充满宝藏的神秘世界，等待着我们去探索与发现。在这个世界里，图像的特征就像是打开宝藏之门的钥匙，而特征提取则是找到这些钥匙的神奇魔法。今天，我们就来开启一场关于图像特征与特征匹配的趣味科普之旅。

6.1 图像的特征

当我们凝视一幅图像时，那些独特的颜色、纹理、形状以及物体之间的位置关系，就像是图像的“DNA”，揭示了一幅图像的独特性。

6.1.1 颜色特征

颜色，是图像最直观的感受。它像是一个调色盘，将五彩斑斓的世界展现在我们的眼前。比如，春天的风景图，绿色的树叶与五颜六色的花朵交织在一起，仿佛是大自然最得意的作品。颜色直方图就像是这个调色盘的说明书，它告诉我们每种颜色在图像中出现的频率，帮助我们捕捉图像的色彩特征。就像我们看到一幅画，能够立刻感受到它的冷暖色调，这就是颜色特征在起作用。

6.1.2 纹理特征

纹理，就像是图像的“皮肤质感”。它赋予了图像更多的细节和层次。树皮的粗糙、丝绸的光滑、沙滩的颗粒感，这些不同的纹理特征，让我们能够区分出不同的材质和物体。就像我们触摸到一个物体，能够感受到它的表面质感，纹理特征也是图像识别的重要线索。通过分析图像中纹理的方向、密度和重复性，我们能够提取出这些特征，从而进一步理解图像的内容。

6.1.3 几何特征

几何特征，是图像中物体的轮廓和外形。它像是一个个有趣的拼图，将图像中的物体拼凑起来。圆形的太阳、方形的房子、三角形的山峰，这些形状特征让图像更加生动和有趣。我们可以通过计算物体的周长、面积、外接矩形的大小和位置等，来描述几何特征。有时候，即使图像中的物体颜色和纹理不同，但只要形状相似，我们也能很容易地认出它们是同一类物体。

6.1.4 空间关系特征

空间关系特征，描述的是图像中不同物体之间的位置关系。它像是一个隐藏的地图，告诉我们图像中各个物体的相对位置和布局。比如在一幅家庭合照中，爸爸站在左边，妈妈站在右边，孩子站在中间，这种人物之间的位置关系就是空间关系特征。它帮助我们理解图像的场景和内容，让我们能够感受到图像中的氛围和情感。

6.2 颜色特征

6.2.1 什么是图像的颜色特征

图像的颜色特征，简单来说，就是图像在颜色方面所表现出来的特点和属性，它能帮助我们描述和理解图像的内容。

我们先来说说颜色的基本特征，也就是色调、亮度和饱和度。色调就像是颜色的“名字”，比如红、橙、黄、绿、青、蓝、紫这些就是不同的色调，它是由光的波长决定的，不同的波长会让我们看到不同的色调。亮度呢，是指颜色的明亮程度，就像同一盏灯，调亮一点和调暗一点，虽然还是同样的颜色，但看起来会有不同的亮度。而饱和度是颜色的纯度，光谱中的颜色是最纯的，饱和度最高。如果一种颜色加了很多白色，就会变得越来越不饱和，比如纯红色饱和度高，而粉红色因为加了白色，饱和度就低了。

在图像里，颜色特征是一种全局特征。它是基于图像中每个像素点的颜色信息来描述的，也就是说，图像里所有像素点的颜色共同构成了这个图像的颜色特征。比如说，一幅秋天的风景图，里面有红色的枫叶、黄色的银杏叶、绿色的松柏，还有蓝色的天空，这些不同颜色的物体在图像中所占的比例和分布情况，就是这幅图像的颜色特征的一部分。

颜色特征有一些很有用的特点。它对图像的方向、大小变化不敏感。就像一张照片，不管你是把它横放、竖放，还是放大、缩小，里面物体的颜色不会改变，所以颜色特征也不会变。这就使得颜色特征在很多图像分析和处理的应用中很有优势。比如，我们想在一个很大的图像数据库里找秋天风景的图片，就可以根据颜色特征来搜索，只要图片里有大面积的红色、黄色等代表秋天的颜色，就有可能被搜索出来。

常用的表达颜色特征的方法有颜色直方图、颜色集、颜色矩、颜色聚合向量等，它们从不同的角度对颜色信息进行提取和表示，这些方法都在不同程度上帮助我们更好地理解和分析图像的颜色特征，让我们能更准确地描述和区分不同的图像。

6.2.2 颜色直方图

一、什么是颜色直方图

颜色直方图，这个听起来有些专业的词汇，其实就像是图像中各种颜色的“账本”。它记录了图像中不同颜色的数量和分布情况，让我们能够更直观地了解图像的色彩特征。

想象一下，我们有一幅美丽的花园图片，里面有红色的花朵、绿色的叶子和蓝色的天空。颜色直方图就像是一个聪明的会计师，它会把这些颜色都找出来，然后数一数每种颜色的像素有多少个。就像我们平时记账一样，它会清楚地记录下每种颜色的“数量”。

颜色直方图不仅记录了颜色的数量，还记录了颜色的分布情况。它会把颜色按照一定的规则分成很多个小类别，就像把一个大蛋糕切成了很多小块。对于常见的RGB颜色模式，颜色直方图会分别统计红色、绿色、蓝色在不同强度下的像素数量。这样，我们就能更清楚地了解图像中颜色的分布和组合情况。

颜色直方图还有一个很厉害的地方，就是它不关心这些颜色在图像里的位置，只关心每种颜色有多少。就像我们刚才说的花园图片，不管红色的花朵是在图片左边还是右边，颜色直方图只在乎有多少像素是红色的。这种“无视位置”的特性，让颜色直方图在图像分析和处理中更加实用和方便(图 6–1)。

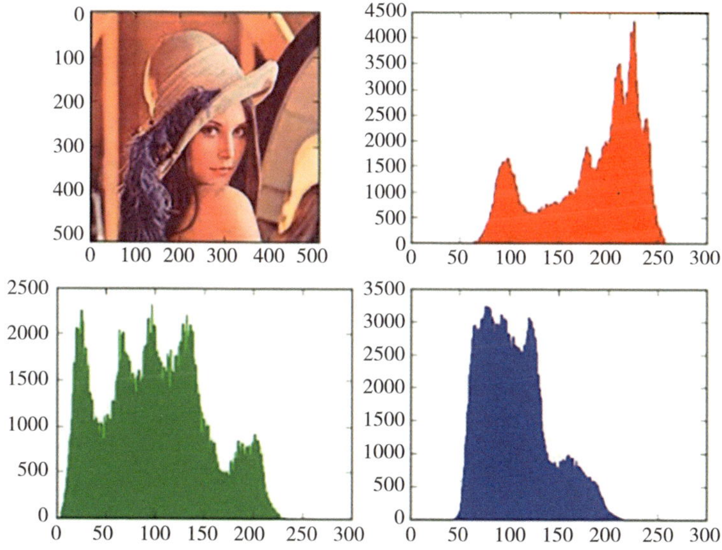

图 6–1 颜色直方图

二、全局颜色直方图与累加颜色直方图

(一)全局颜色直方图

1. 什么是全局颜色直方图

在颜色直方图的世界里，全局颜色直方图和累加颜色直方图就

像是色彩的“双胞胎”,它们都有着独特的魅力和作用。

全局颜色直方图,就像是图像色彩的“全家福”。它会把图像中出现的各种颜色都找出来,然后数一数每种颜色有多少个像素,最后把这些统计结果用图表的形式表示出来。就像我们平时拍的家庭照片一样,它能让我们快速地了解一幅图像颜色的整体分布情况。无论图像中的物体是怎么摆放的,全局颜色直方图都只关心颜色的种类和数量。如果一幅图像的全局颜色直方图中红色占比很高,那我们大致可以知道这幅图里有很多红色的东西,可能是一片红色的花海,也可能是一个红色的建筑物。

2. 全局颜色直方图的作用和特点

全局颜色直方图在图像检索、图像分类等方面都有着重要作用。比如在图像检索系统中,用户想找以蓝色为主的图片,系统就可以通过全局颜色直方图快速筛选出那些蓝色像素占比高的图像。这种快速、直观的特性,让全局颜色直方图在图像处理中备受青睐。

(二)累加颜色直方图

1. 什么是累加颜色直方图

累加颜色直方图,则像是全局颜色直方图的“升级版”。它不仅仅是简单地统计每种颜色的数量,而是在统计的基础上进行了累加操作。就像我们平时数数一样,从1开始一直数到100,累加颜色直方图也是按照颜色的某种顺序(比如从浅到深)把颜色排好队,然后从第一种颜色开始依次把每种颜色的像素数量加起来。这样得到的结果,不仅包含了每种颜色的数量信息,还包含了颜色之间的相对关系信息。

2. 累加颜色的作用和特点

累加颜色直方图在图像分割和图像匹配中发挥着独特的作用。比如在图像分割中，通过累加颜色直方图我们可以发现天空的蓝色在累加过程中到某个阶段就基本不再增加了，而大地的颜色从另一个阶段开始逐渐增加。这样我们就可以根据这个特点来把图像中的天空和大地区分开。在图像匹配中，累加颜色直方图也能更准确地比较不同图像之间颜色分布的相似性进而帮助我们找到更匹配的图像。

6.2.3 颜色集

一、什么是图像的颜色集

在我们欣赏一幅画或一张照片时，会看到各种各样的颜色。比如，蓝天的蓝、草地的绿、花朵的红，每一种颜色都在讲述着它自己的故事。如果我们把这些颜色都收集起来，就像是在整理一个色彩斑斓的大家庭——这就是图像的颜色集。

颜色集，简单来说，就是一幅图像中所有颜色的集合。它就像是一个颜色的清单，记录着图像中存在的每一种颜色。比如，一幅简单的画，有红色的太阳、蓝色的天空、绿色的树和棕色的土地，那么这幅画的颜色集就包括红色、蓝色、绿色和棕色。当然，实际的图像颜色可能复杂得多，颜色集就像是一个大口袋，把所有的颜色都装进去。

二、颜色集的作用

1. 图像识别和分类

颜色集的作用可大了。首先,它能帮助计算机快速地识别和分类图像。计算机就像是个聪明的孩子,通过查看颜色集,就能大致判断出这是一幅风景画还是人物画。如果颜色集里有很多绿色和蓝色,很可能是风景画;如果有很多肉色和黑色,就更可能是人物画。

图像检索时,颜色集也发挥着巨大的作用。比如我们想在网上找一幅秋天的风景图,计算机就会根据颜色集来查找,把包含大量黄色和橙色的图片找出来。这就像是在一堆糖果里,迅速找到我们喜欢的颜色的糖果一样。

2. 图像风格分析

颜色集还能帮助我们分析图像的风格。不同的画家或摄影师,都有自己独特的颜色偏好。通过分析颜色集,我们能发现一些艺术家常用的颜色组合。比如,有的画家喜欢用明亮的颜色,作品里到处都是鲜艳的红、黄、蓝;而有的画家则喜欢淡雅的风格,作品里更多的是柔和的浅灰色和淡蓝色。

3. 颜色集的表示方法

颜色集有两种常见的表示方法。一种是简单列举,对于颜色比较少的图像,可以直接把颜色列出来。另一种是数值表示,在计算机里,颜色通常是用数字来表示的,比如常见的RGB颜色模式。红色用(255, 0, 0)表示,蓝色用(0, 0, 255)表示,绿色用(0, 255, 0)表示。这样,颜色集就可以写成一组RGB数值,方便计算机处理。

颜色集就像是一把钥匙,帮助我们更好地理解、分析和处理图像。它让我们能从颜色的角度去认识和欣赏图像的魅力，也让计算机能够更智能地处理和管理图像。

6.2.4 颜色矩

一、什么是图像的颜色矩

如果说颜色集是色彩的大家庭，那么颜色矩就像是色彩的“指纹”。它通过对图像中像素点的颜色进行统计和计算，得到一些能够代表图像颜色特征的数值。这些数值就像人的身高、体重一样，是图像颜色的一种“特征值”。

二、颜色矩的计算原理

颜色矩的计算原理并不复杂，它主要是基于数学上的矩理论。简单来说，它会计算图像颜色的平均值、方差和偏度等统计量。

平均值就像是班级同学的平均身高，颜色矩会计算图像中所有像素点在红、绿、蓝三个颜色通道上的平均值。这个平均值能告诉我们图像整体的颜色倾向。比如，如果红色通道的平均值比较高，说明图像整体偏红。

方差则是衡量图像中颜色的分散程度。如果方差大，说明图像中的颜色比较分散，有很多不同的颜色；如果方差小，说明图像的颜色比较集中，大部分像素点的颜色都比较相似。

偏度则是用来描述颜色分布的对称性。如果偏度为0，说明颜色分布是对称的；如果偏度不为0，说明颜色分布有一定的偏向性。

通过计算这几个统计量，我们就能得到图像在颜色方面的一些重要特征，这些特征组合起来就是图像的颜色矩。

三、颜色矩的作用

1. 图像检索

在图像数据库中，我们可以根据颜色矩来快速找到想要的图像。比如，想找一些以蓝色为主的风景图片，就可以通过计算数据库中图像的颜色矩，找到那些蓝色通道上平均值较高、颜色分布符合风景图像特征的图片。

2. 图像分类

颜色矩还能帮助我们对图像进行分类。比如，将图像分为自然风景类、人物类、建筑类等。不同类型的图像通常有不同的颜色特征，通过颜色矩就可以把这些特征提取出来，实现分类。

3. 图像比较

当我们需要比较两幅图像的相似程度时，颜色矩也很有用。通过比较它们的颜色矩数值，就能知道这两幅图像在颜色上有多相似。如果颜色矩很接近，说明这两幅图像的颜色特征很相似，可能是同一类图像或者有相似的内容。

颜色矩就像是一个神奇的“色彩侦探”，它能帮助我们快速了解图像的颜色特征，让图像处理变得更加简单和高效。

6.2.5 颜色聚合向量

颜色聚合向量，听起来就像是一场色彩的聚会。它描述的是图像中颜色的分布和聚集情况，就像是一群颜色小客人在图像中聚会，我们来看看它们是怎么聚集在一起的，有多少个小团体，每个小团体又有多大。

比如,一幅春天花园的图像,里面有红色的花朵、绿色的叶子、蓝色的天空和棕色的土地。这些不同颜色的区域就像是一个个颜色小团体。颜色聚合向量就是要去统计这些小团体的一些情况,它会看看每种颜色的区域有多大,是分散在图像各个角落,还是集中在一起形成一大块。

颜色聚合向量的计算会考虑图像中每个像素点的颜色以及它周围像素点的颜色。如果一个像素点和它周围很多像素点的颜色都一样或者很相近,那就说明这些像素点形成了一个颜色聚集区域。

颜色聚合向量在图像识别方面发挥着重要作用。它能帮助我们快速找到图像中的关键物体。比如在一幅动物图片里,通过颜色聚合向量,我们可以发现一大块黄色的区域可能是一只老虎的身体,旁边小块黑色的区域可能是老虎的条纹。这样就能更容易地识别出图像里是一只老虎。

在图像压缩领域,颜色聚合向量也能派上用场。如果我们知道图像中哪些颜色是聚集在一起的,就可以采用一些特殊的方法,把这些聚集的颜色区域当成一个整体来处理。这样就能用更少的数据来表示图像,达到压缩图像的目的,同时不会让图像质量损失太多。

在图像编辑中,颜色聚合向量也很有用。当我们想要给图像换个背景时,通过颜色聚合向量可以很容易地把前景物体的颜色区域和背景颜色区域区分开。然后就可以更准确地把背景替换掉,让图像看起来更自然。

颜色聚合向量就像是一个“色彩向导”,它能帮助我们发现图像中颜色的聚集秘密,让我们能更好地理解图像、处理图像。在很多和图像相关的领域,颜色聚合向量都发挥着重要的作用,让我们能更轻松地和图像中的颜色“打交道”。

6.3 纹理特征

6.3.1 什么是图像纹理特征

图像的纹理特征，就像是摸东西时感受到的那种物体的表面质地，在图像中的体现。它是图像的一种重要特征，能帮助我们更好地理解和分析图像。

想象一下，你面前有一块木头、一块丝绸和一块砂纸。当你用手去摸它们的时候，会感觉到木头有一些纹路，而丝绸很光滑，砂纸则很粗糙。这些不同的感觉就是它们质地的特点。在图像里，纹理特征就是用来描述这些类似质地的东西。

比如一幅树叶的图像，我们能看到叶子上有细细的叶脉，这就是一种纹理；一幅草地的图像，那些密密麻麻的草形成的一片毛茸茸的感觉，也是一种纹理。

图像的纹理特征有很多种表现。首先是粗糙度，就像砂纸和丝绸，砂纸摸起来很粗糙，在图像里如果有很多不规则的、高低起伏的线条或者块状，看起来不平整，那它的纹理就比较粗糙；而丝绸看起来很光滑，图像里如果是一大片均匀的颜色，没有什么明显的线条或凹凸，那就是比较光滑的纹理，粗糙度低。

其次是方向性。有些纹理是有方向的，比如常见的木纹，它是顺着一个方向延伸的；再比如海滩上被海浪冲刷出来的一道道痕迹，也有明显的方向。而像一些杂乱的石头堆的图像，石头的分布没有明显的方向，就是无方向性的纹理。

还有重复性。像砖墙的图像，一块一块的砖排列得很整齐，是重复出现的；花朵的花瓣围绕着花蕊一圈一圈地排列，也是一种重复性的纹理。重复性让图像看起来更有规律、更整齐。

图像的纹理特征在很多地方都有重要运用。在医学领域，医生可以通过观察人体组织的医学图像的纹理特征，来判断组织是否健康。比如，正常的肝脏组织图像纹理比较均匀，要是有了病变，纹理可能就会变得杂乱无章。

在卫星图像分析中，纹理特征可以区分不同的地形地貌。像森林的纹理和农田的纹理是不一样的，就能很容易地把它们区分开。

在工业生产中，也可以通过纹理特征检测产品表面是否有缺陷。如果产品表面的纹理应该是均匀光滑的，但是却出现了一些异常的纹理，就可能意味着产品有问题。

图像的纹理特征就像图像的"指纹"一样，能告诉我们很多关于图像内容的信息，帮助我们在不同的领域解决各种各样的问题。图像纹理的示例如图6-2所示。

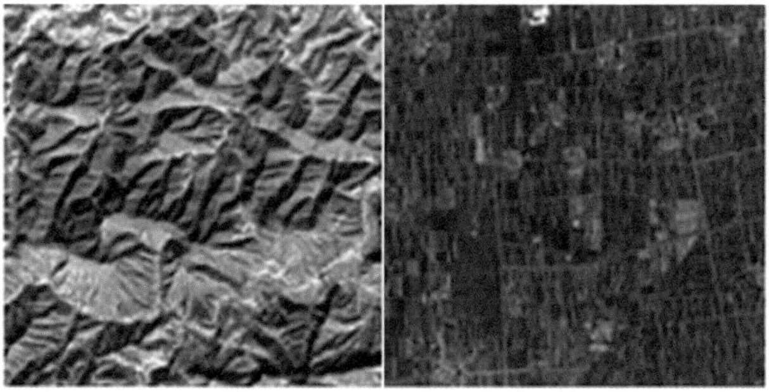

（1）山地纹理　　（2）耕地纹理

图6-2 图像纹理示例图

6.3.2 图像纹理特征的描述方法

图像的纹理特征多种多样，为了更好地理解和分析图像，人们总结出了许多纹理特征的描述方法。

一、基于统计的分类方法

1. 灰度共生矩阵法

有一种方法叫做灰度共生矩阵法，它就像是图像中的“关系探测器”。它会去观察图像中灰度值相同或不同的像素之间的关系。比如，看看某个灰度值像素的周围有多少个其他特定灰度值的像素，以及它们之间的距离和方向。通过统计这些关系，就能得到一个矩阵，这个矩阵包含了图像纹理的很多信息，像纹理的粗细、方向等。

2. 灰度游程长度矩阵法

还有灰度游程长度矩阵法，可以把它想象成一个“像素巡逻队”。这个“巡逻队”会沿着特定方向在图像中“巡逻”，看看相同灰度的像素能连续出现多长距离。比如在水平方向上，连续的黑色像素能排多长，或者垂直方向上白色像素的连续长度等。统计这些不同灰度的游程长度，就可以了解图像纹理的特征。

3. 直方图法

直方图法是一种很基础的方法，它就像是给图像中的像素灰度值开一个“统计派对”。它会统计图像中每个灰度值出现的次数，然后把这些次数画成一个图表。

二、基于频谱的分类方法

在我们周围,图像无处不在,从自然界的山水风光到城市中的高楼大厦,每一幅图像都蕴含着丰富的信息和细节。在这些图像中,纹理作为一种重要的视觉特征,扮演着举足轻重的角色。今天,就让我们一起踏上一段奇妙的旅程,探索图像纹理特征的分类方法,看看科学家们是如何像魔术师一样,揭示图像背后的秘密。

1.傅里叶变换法

首先,我们遇到的是一位名叫傅里叶的魔法师,他发明了一种神奇的“变换器”——傅里叶变换。这个变换器可不是普通的玩具,它有着将图像从神秘频率域瞬间转移到我们所熟悉的空间域的魔力。

在频率域的世界里,图像变得不再是我们平常见到的模样,而是由一系列不同频率的成分组成。这些频率成分就像是图像中的音符,有的高昂激越,有的低沉悠长。纹理,作为图像中灰度的变化规律,在频率域里展现出了不同的面貌。

高频部分,就像是图像中的小精灵,它们活泼好动,总是出现在图像的细节和边缘处。这些高频成分让图像看起来更加细腻、生动。而低频部分,则像是图像中的长者,它们稳重、大气,代表着图像的大致轮廓和整体趋势。

当我们用傅里叶变换法观察图像时,就像是戴上了一副特殊的眼镜,能够清晰地看到图像中不同频率的成分。这样,我们就能轻松地分辨出图像的纹理特征,知道它是粗糙的还是细腻的,是有规律的还是杂乱的。

2. 小波变换法

告别了傅里叶魔法师，我们又遇到了一位名叫小波的探险家。他手中的“图像放大镜”可是个宝贝，能够在不同的尺度下观察图像，捕捉到图像中大小不同的纹理信息。

在大尺度下，小波变换就像是一位站在高处的观察者，他能看到图像中比较大的纹理结构。这些结构就像是图像的骨架，支撑着整个图像的框架。而在小尺度下，小波变换又变成了一位细心的侦探，能够发现那些隐藏在图像中的细微的纹理细节。

通过小波变换，我们可以像拼图一样，将不同尺度下的纹理信息综合起来，形成对图像纹理特征的全面认识。这样，无论是粗糙的石头纹理，还是细腻的丝绸纹理，都能在小波变换的“放大镜”下无所遁形。

三、基于结构的分类方法

1. 形态学方法

接下来，我们进入了一个充满形状和结构的奇妙世界。在这里，形态学方法就像是一位技艺高超的工匠，他手中拿着各种“形状工具”，比如圆形、方形等，去“探测”图像中的纹理。

这些形状工具就像是工匠的“眼睛”，能够发现图像中隐藏的形状和结构。如果图像中的纹理是由一些规则的形状组成，比如正方形的瓷砖纹理，那么用方形的形状工具去探测，就能更容易地发现这些规则的结构。

形态学方法不仅能够帮助我们识别出图像中的纹理特征，还能根据这些特征对图像进行分类和识别。比如，在医学图像处理中，形态学方法就经常被用来识别细胞、血管等生物结构，为医生提供准确的诊断依据。

2. 分形方法

最后，我们来到了一个充满神奇和奥秘的世界——分形世界。在这里，分形方法就像是一位神秘的预言家，他通过观察图像中纹理的自相似性来描述纹理特征。

自相似性，就像是一种神奇的魔法，让物体的部分和整体在形状上保持着惊人的相似性。比如，树枝和大树的形状就有着某种相似性，这种相似性在图像纹理中同样存在。

分形方法就像是一位细心的观察者，他能够发现图像中纹理的这种自相似性，并通过分析这些相似性来描述纹理的特征。如果图像的纹理具有很强的分形特征，说明它可能在不同的尺度下都有相似的结构。这种纹理往往具有独特的复杂性和规律性，让人不禁感叹大自然的神奇和奥秘。

通过分形方法，我们可以更深入地了解图像的纹理特征，为图像识别、分类等领域提供有力的支持。比如，在遥感图像处理中，分形方法就经常被用来识别地形、植被等自然特征，为环境保护和城市规划提供科学依据。

回顾这段奇妙的旅程，我们遇到了一些各具特色的"向导"，如傅里叶魔法师、小波探险家、形态学工匠和分形预言家。他们用自己的方法和工具，带领我们深入探索了图像纹理特征的分类方法。

傅里叶变换法让我们看到了图像在频率域中的不同面貌，揭示了纹理的细腻与粗糙；小波变换法则像是一台神奇的放大镜，让我们在不同尺度下捕捉到了图像的纹理信息；形态学方法用各种形状工具去探测图像中的形状和结构，帮助我们识别出纹理特征；而分形方法则通过观察图像中纹理的自相似性，描述了纹理的复杂性和规律性。

这些方法各有千秋，它们从不同的角度去观察和分析图像的纹理特征，为我们揭示了图像背后的秘密。在计算机视觉、图像识别等很多领域，这些分类方法都发挥着重要作用。它们就像是一把把钥匙，帮助我们打开了图像纹理世界的大门。

当我们再次面对一幅图像时，或许不再只是简单地看到它的表面。我们会用更加敏锐的眼睛去观察它，用更加智慧的大脑去分析它。我们会发现，每一幅图像都是一个充满故事和情感的世界，而纹理特征就是这个世界中独特的语言和符号。

6.4 几何特征

在我们丰富多彩的世界里,图像无处不在,它们记录着生活的点滴,传递着丰富的信息。每一幅图像都隐藏着许多秘密,等待着我们去发现和理解。今天,我们将踏上一场奇妙的旅程,探索图像中的几何特征,看看它们是如何帮助我们揭示图像背后的故事。

6.4.1 图像几何特征概述

想象一下,我们面前有一张苹果的照片。当我们第一眼看到它时,最直观的感受就是它的形状——圆圆的,很可爱。这个圆圆的形状,就是苹果图像的一种几何特征。除此之外,我们还能知道苹果大概有多大,在照片中的什么位置,是正着放还是斜着放的。这些关于形状、大小、位置和方向的信息,共同构成了苹果图像的几何特征,就像它的“身份证”一样,让我们能够轻松地认出它。

在更复杂的图像中,比如一幅风景画,里面有山、树、河流等各种物体。虽然它们看起来杂乱无章,但我们仍然可以通过各种物体的几何特征来识别和理解这些物体。山的轮廓起伏跌宕,树有高高的树干和茂盛的枝叶,河流则呈现出蜿蜒曲折的形态。这些几何特征就像是指引我们探索图像世界的灯塔,让我们能够准确地识别出每一个物体。

6.4.2 图像几何特征的分类方法

一、基于形状的分类方法

1. 轮廓特征

在几何特征中，形状是一个非常重要的方面。我们可以通过轮廓特征来描述物体的外框形状。就像我们给物体画一个“外框”，这个外框的形状和特点就是轮廓特征。比如圆形的盘子轮廓是平滑的圆圈，方形的桌子轮廓则是四条直线围成的矩形。通过计算轮廓的长度、面积以及轮廓上各个点的弯曲程度等，我们可以精确地描述物体的轮廓特征，从而区分不同形状的物体。

2. 矩特征

图像的矩特征是一种可以用来描述图像特性的数学工具。想象一下，图像就像是一个由无数个小点点（像素）组成的世界。矩特征呢，就是通过对这些小点点的分布进行计算和分析，来提取出一些能够代表这个图像的关键信息。

比如说，零阶矩可以告诉我们图像的“重量”，也就是图像中所有像素的总和，这能让我们知道图像整体的亮度情况。一阶矩能帮助我们找到图像的“重心”，就好像是把图像看成一个有质量的物体，找到它的平衡点在哪里，这对于确定图像中物体的位置很有帮助。

而二阶矩及更高阶矩，则可以描述图像的形状特征。它们能让我们了解图像是更“胖”还是更“瘦”，是更“圆”还是更“扁”，以及图像中物体的分布是更集中还是更分散。

通过这些矩特征，我们可以对图像进行分类、识别和匹配等操作。比如在人脸识别中，就可以利用矩特征来提取人脸的关键特征，然后与数据库中的人脸特征进行比对，从而判断是不是同一个人。总之，图像的矩特征就像是图像的“指纹”，能帮助我们快速、准确地理解和处理图像信息。

3.傅里叶描述子

傅里叶描述子则像是给物体的轮廓信息做了一次特殊的“翻译”。它通过傅里叶变换，把轮廓的形状信息从我们直观看到的空间形式转换到了频域。在频域里，我们能得到一些特殊的系数，这些系数就像是物体的“指纹”，包含了轮廓的各种信息。低频部分的系数反映了轮廓的大致形状，高频部分则对应着轮廓的细节。通过这些系数，我们就能很准确地比较不同物体的形状，就像给它们做了一次“DNA 比对”。

二、基于大小的分类方法

1.面积

除了形状，大小和位置也是几何特征中不可忽视的方面。面积是最容易理解的几何特征之一，它表示物体在图像中所占据的区域大小。我们可以通过计算图像中属于物体的像素点数量来得到面积。比如在一幅动物图像中，大象的面积通常比兔子的面积大很多。通过面积特征，我们就能很直观地对不同大小的物体进行区分和分类。

2.外接矩形

外接矩形则是给物体画一个刚好能把它框住的矩形，这个矩形的大小和位置就是物体的外接矩形特征。外接矩形的长和宽可以反映物体在不同方向上的尺寸范围。比如一个横放的长方体和一个竖放的长方体，它们外接矩形的长和宽是不同的。通过外接矩形特征，我们就能很容易地区分它们的摆放方向和大致尺寸，就像给它们穿上了一件“量身定制”的外套。

三、基于位置和方向的分类方法

1. 坐标位置

在图像中，物体的方向也是一个重要的几何特征。我们可以通过建立一个像地图一样的坐标系来描述物体的坐标位置。每个物体都有它在这个坐标系中的位置坐标，通过这些坐标我们就能知道物体在图像中的具体位置。比如在一幅教室的图像中，通过桌椅的坐标位置我们就能知道它们的摆放布局，就像给教室做了一次“平面规划”。

2. 角度

角度则描述了物体在图像中的倾斜程度。比如一个箭头可能是水平指向、垂直指向或者倾斜指向某个方向。我们可以通过计算物体与水平方向或垂直方向的夹角来确定它的角度。在一些复杂的图像中，物体的角度可以帮助我们理解图像中的运动趋势或空间关系。比如在一幅交通场景图像中，通过车辆的运行角度我们就能判断它们的行驶方向，就像给交通做了一次“流向分析”。

四、基于拓扑的分类方法

在图像的世界里，每一个画面都藏着无数的秘密，等待着我们去探索和发现。今天，我们就来一场特别的探险，一起揭开基于拓扑的图像分类方法的神秘面纱。别担心,这场探险不需要复杂的数学公式,也不要求你具备深奥的专业知识,只需跟随我们的脚步,就能轻松领略其中的奥秘。

1.连通性

当我们打开一幅地图,上面布满了各种形状的岛屿,每个岛屿都由一片片的陆地组成,而这些陆地之间,有的紧紧相连,有的则相隔甚远。在图像的世界里,这些岛屿就像是一个个连通区域,它们通过相邻的像素点连接在一起,形成了一个个独特的形状。

连通性,就是这样一个神奇的属性,它让我们能够分辨出图像中的物体是由一个完整的部分构成,还是由多个分散的部分组合而成。比如,当我们看到一幅只有一个大岛屿的地图时,我们可以判断这是一个完整的物体;而如果地图上布满了许多小岛,那可能就是由多个小的物体组成的。

科学家们正是利用这个特性,对图像进行分类和理解。他们通过计算连通区域的数量、大小和形状,来揭示图像背后的秘密。这种方法就像是我们在地图上寻找岛屿一样简单而有趣,但却能为我们提供丰富的图像信息。

如果我们有一张包含多个物体的图片,比如一堆散落的石头和一块完整的巨石,通过对连通性的分析,我们就能轻松地区分出哪些是分散的物体,哪些是完整的物体。这样,我们在进行图像识别时,就能更加准确和高效。

2.孔洞

接下来,我们要探索的是另一个拓扑特征——孔洞。在我们的日常生活中,很多物体内部都有孔洞,比如面包上的气孔、空心的管子,甚至是我们身体里的血管。这些孔洞不仅让物体看起来更加复杂多变,还隐藏着许多关于物体结构和形状的秘密。

在图像的世界里,孔洞同样扮演着重要的角色。通过识别和分析这些孔洞的数量、大小和位置,我们可以更好地理解物体的结构特征。比如,一个实心的球和一个空心的球,在图像上可能看起来非常相似,但如果我们仔细观察它们内部的孔洞,就能轻松地区分出两者之间的差异。

科学家们利用这一特性,开发出了许多图像分类的方法。他们通过计算图像中孔洞的特征参数,来提取物体的拓扑信息。这种方法就像是我们观察面包上的气孔一样直观而简单,但却能为我们提供关于物体结构的深入洞察。

举个例子,如果我们有一张包含多种水果的图片,其中既有苹果,也有西瓜。通过孔洞特征的分析,我们就能准确地识别出哪些是苹果,哪些是西瓜。这样,我们在进行图像识别时,就能更加精准和可靠。

随着科技的不断发展,图像分类的方法也在不断地创新和优化。从最初简单的特征提取到如今的深度学习算法,我们已经在图像分类的道路上取得了巨大的进步。而连通性和孔洞作为其中不可或缺的一部分,将继续在图像分类和识别的舞台上发挥着重要的作用。

6.5 空间关系特征

在我们每天接触的图像世界里，每一幅图像都是一个精彩纷呈的故事。这些故事里，不同的物体和区域并不是孤立无援的演员，它们通过各自在空间中的位置、距离和相互作用，编织出一张张复杂而有趣的网络。这些网络，就是图像的空间关系特征，它们就像是我们解读图像内容的钥匙，帮助我们更好地理解图像背后的故事。

6.5.1 图像空间关系特征概述

当我们翻开一本家庭相册，映入眼帘的是一幅幅温馨的画面。在这些画面中，爸爸、妈妈和孩子并不是简单地站在那里，而是通过各自的位置和姿态，构成了一幅幅生动的家庭场景。比如，在一幅照片中，爸爸站在妈妈的左边，微微侧身，仿佛在倾听妈妈的话语；而孩子则站在爸爸妈妈的前面，双手环抱着他们的膝盖，脸上洋溢着幸福的笑容。这样的空间位置关系，不仅让我们感受到了家庭成员之间的亲密关系，还让我们仿佛能听到他们之间的欢声笑语。

同样的，当我们走进一家餐厅，看到餐桌上摆放着各式各样的餐具和食物时，我们也会通过物体之间的空间关系来认知这个场景。比如，盘子放在桌子的中央，上面装着新鲜的水果；刀叉则整齐地摆放在盘子的两侧，等待着我们使用。这样的空间布局，不仅让我们能够清晰地识别出各个物体的位置和功能，还让我们能够想象出用餐时的情景和氛围。

在图像分析和处理中，空间关系特征和我们观察世界的眼睛一样重要。它们能够帮助计算机像人一样“看懂”图像，理解图像中的物体和区域是如何相互关联、相互作用的。通过提取和分析这些特征，我们可以实现对图像的分类、识别和解释，从而为图像理解和计算机视觉等领域的发展提供有力的支持。

6.5.2 图像空间关系特征的分类方法

一、基于位置的空间关系分类

1. 上下关系

上下关系是最容易理解的一种空间关系。比如在一幅风景画中，天空通常在树木的上面，河流在桥梁的下面。这种关系能帮助我们构建图像的层次结构，了解不同物体在空间中的分布情况。就像我们在现实生活中通过楼层来区分不同的空间一样。

2. 左右关系

左右关系则是基于物体在图像水平方向上的位置来确定的。比如在一张集体照中，我们可以说某个人在另一个人的左边或右边。这种关系对于描述图像中物体的排列顺序和相对位置非常重要，就像我们在排队时通过左右位置来确定自己的位置一样。

3. 中心与边缘关系

中心与边缘关系则描述了物体在图像中的重要性和布局特点。有些图像中的物体可能处于中心位置，而有些则在边缘。比如在一幅以花朵为主题的图像中，花朵可能在画面的中心，而叶子分布在边缘部分。通过这种关系我们可以突出图像的重点和主体，就像在给一幅画做“焦点分析”。

二、基于距离的空间关系分类

1. 欧氏距离

欧氏距离是指两个物体在图像平面上的直线距离。就像我们在地图上测量两个城市之间的距离一样，在图像中也可以计算两个物体之间的欧氏距离。这种距离度量方式简单直观，能够帮助我们了解物体之间的空间间隔。

2. 曼哈顿距离

曼哈顿距离则是计算两个物体在水平和垂直方向上的距离之和。这种距离度量方式对于分析物体在网格状或规则布局中的空间关系很有用。比如在一幅城市街景图像中，我们可以计算出两栋建筑物之间的曼哈顿距离，以此来了解它们之间的相对位置关系。

三、基于角度的空间关系分类

物体之间的夹角或物体的方向与参考方向的夹角描述了物体之间的相对方向和运动趋势。

1. 物体间的夹角

比如在一幅交通场景图像中，两辆交叉行驶的汽车运动方向之间就会有一个夹角。通过计算这个夹角我们可以了解汽车之间的相对方向。

2. 物体的方向与参考方向的夹角

我们还可以设定一个参考方向，比如水平方向或垂直方向，然后计算物体的方向与这个参考方向的夹角。这种角度关系能够帮助我们对具有特定方向特征的物体进行分类和识别。

四、基于拓扑的空间关系分类

1. 邻接关系

邻接关系描述了两个物体在空间上直接相邻的情况。就像我们在现实生活中与邻居相邻一样，在图像中相邻的物体也具有邻接关系。这种关系能够帮助我们确定物体之间的连接方式和图像的局部结构。

2. 包含关系

包含关系则描述了一个物体完全在另一个物体内部的情况。比如在一幅盘子里装着水果的图像中，水果就被盘子包含。通过识别包含关系我们可以理解物体之间的层次和所属关系，能够更好地把握图像的内容和结构。

3. 相交关系

相交关系则描述了两个物体在空间上有部分重叠的情况。比如在一幅道路图像中两条交叉的道路就是相交关系。这种关系对于分析复杂场景中的物体交互和空间布局很有意义。

通过这场奇妙的旅程我们深入探索了图像的几何特征和空间关系特征。这些特征就像一把把钥匙打开了图像理解的大门让我们能够更深入地挖掘图像中的信息。无论是在计算机视觉领域还是在图像识别、图像检索等应用中这些特征都发挥着重要的作用。它们帮助计算机像人一样“看懂”图像,让我们能够更高效地利用图像资源获取我们所需要的信息。

6.6 特征、特征描述与特征匹配

在探索这个多彩世界的旅程中，我们常常需要找到一些独特的标记来识别和区分不同的事物。这些标记，就像是事物的“身份证”，让我们能够一眼认出它们。在计算机视觉和模式识别的世界里，这些标记被称为“特征”。

6.6.1 什么是特征、特征描述与特征匹配

一、特征

特征，就像是给事物贴上的独特“标签”或“指纹”，它们帮助我们区分和识别不同的事物。就像每个人都有自己独一无二的特征，比如高鼻梁、大眼睛、卷发等，这些特征让我们能够轻易地区分不同的人。同样地，在图像、声音、文字等数据中也存在着各自的特征。图像中的颜色、形状、纹理，声音中的音调、音量、音色，文字中的字体、字号、排版，都是它们的特征。

当我们看到一幅美丽的风景图时，那些五彩斑斓的颜色、错落有致的形状和细腻的纹理，共同构成了这幅图的特征，让我们能够一眼认出它是一幅风景画。同样，当我们听到一段动听的音乐时，那高低起伏的音调、清晰响亮的音量和独特的音色，也让我们能够轻易地识别出这是一段美妙的音乐。

二、特征描述

找到事物的特征还不够,我们还需要用一种大家都能理解的方式把这些特征记录和描述下来,这就是特征描述。就像我们要描述一个苹果的特征,仅仅说它是圆的、红的还不够具体,我们需要进一步描述它的颜色是鲜艳的正红色,RGB值是(255,0,0),形状是标准的球体,直径大约有8厘米,表面光滑等。

在计算机领域,对于图像、声音等数据的特征描述,会采用一些特定的数学方法和数据结构来进行。比如,对于图像中的一个角点特征,我们可以用它在图像中的坐标位置、周围像素的灰度变化情况等一系列数据来描述它。这样,计算机就能根据这些描述来准确地识别和处理这个角点特征。

特征描述就像是给特征写的一段详细“说明书”,它让特征变得更加具体和可识别。有了这份“说明书”,我们就可以更好地把特征传递给其他人或计算机,让他们能够更好地认识和处理这些特征。

三、特征匹配

特征匹配,就是在两个或多个事物中,寻找它们之间具有相同或相似特征的过程。这就像是在人群中寻找和照片上长得一样的人,我们会把照片上人的特征,比如五官的形状、面部的轮廓等,和现实中每个人的特征进行比对,找到特征最相似的那个人。

在计算机的图像识别等领域,特征匹配是非常重要的一个环节。比如在图像拼接中,要把两张有部分重叠的图像拼接在一起,就需要找到两张图像中相同的特征点,像一些独特的建筑物的角点、树木的形状等。通过匹配这些特征点,我们可以确定两张图像之间的相对位置和关系,从而实现准确的拼接。

再比如，在人脸识别系统中，我们需要把摄像头拍摄到的人脸特征和数据库中已有的人脸特征进行匹配，来判断这个人是谁。这就是一个典型的特征匹配过程。

6.6.2 特征、特征描述和特征匹配三者的关系

特征、特征描述与特征匹配是计算机视觉和模式识别等领域中紧密相关、相辅相成的概念。它们之间的关系可以用一个生活中的例子来理解：假设我们在一个大型停车场找自己的车，车的品牌标志、颜色、车型就是车的特征，这些是能让我们把自己的车和其他车区分开的关键信息。

为了更准确地找到车，我们需要把这些特征告诉停车场的管理员，比如“我的车是红色的轿车，牌子是大众，有个独特的方形尾灯”，这就是特征描述。它是对特征的详细说明，用一种大家都能理解的方式把特征记录和表达出来，让别人能够根据这些描述来识别目标。

而特征匹配就是实际找车的过程。管理员会根据我们描述的特征，在停车场里一辆辆车地比对，看哪辆车的特征和我们说的最符合。这个比对的过程就是特征匹配。在计算机中，特征匹配就是利用特征描述去寻找相同或相似的特征，比如在图像识别中，通过比对不同图像中的特征描述来判断是否是同一物体或场景。

所以，特征是基础和核心，它决定了我们要寻找什么；特征描述是对特征的具体表达和量化，它让特征能够被计算机等系统处理；而特征匹配则是基于特征和特征描述来实现识别、分类等任务的具体操作。三者共同协作，帮助我们从大量的数据中快速准确地找到所需信息，实现各种智能化的应用。

假设小白和小黑分别在看一张图片（图6-3），但是他们想知道他们看到的是否是同一张图片。于是，他们通过电话描述这个图片来判断是否是同一张图片。

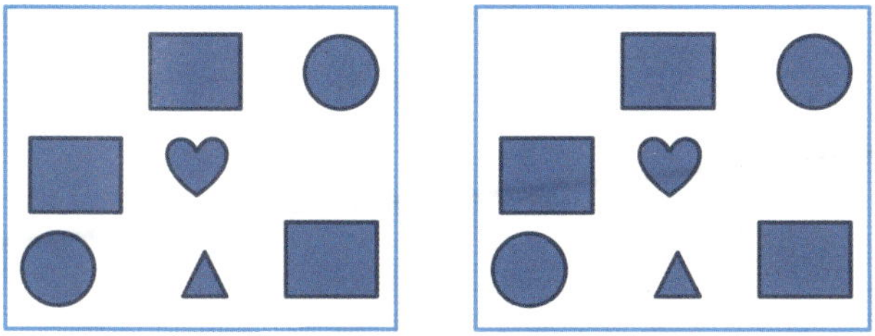

（1）小白看到的图　　（2）小黑看到的图

图6-3 小白与小黑看到的图片

小白说："我的图片里面有四个很明显的特征，分别在图像的左下、右上、中心、中下四个位置。"小黑说："我的图片里面也有四个很明显的特征，分别在图像的左下、右上、中心、中下四个位置。"这就是特征提取过程，他们都在寻找图片中的显著特征。

接着，小白说："我的图片的特征是左下和右上是圆形，正中间是心形，中间下面是三角形。"小黑也说："我的图片的特征也是左下和右上是圆形，正中间是心形，中间下面是三角形。"这就是特征描述，他们都在用具体的语言描述自己看到的特征。

最后，小白和小黑都确认他们看到的图片的特征是相同的，于是他们得出结论：他们看的是同一张图片。这是特征匹配的过程，他们通过比对特征描述来判断是否是同一张图片。

6.7 描述特征的方法

描述特征，就像是给事物画一幅肖像画，让我们能够清晰地看到它的轮廓和细节。那么，如何描述一个特征呢？

6.7.1 如何描述一个特征

首先，我们可以从外观入手，观察事物的颜色、形状、纹理等直观特征。就像看一个苹果，我们可以说它是红红的、圆圆的，表面很光滑。这些特征都是我们从外观上可以直接观察到的。

对于其他事物，我们也可以采用同样的方法。比如看月亮，我们可以说它通常是白色或者灰白色的，形状有时候像圆盘，有时候像弯弯的镰刀。这些都是月亮的外观特征。

1. 考虑事物的性质

除了外观，我们还可以考虑以事物的性质来描述特征。比如苹果是可以吃的，吃起来甜甜的、脆脆的，闻起来有一股果香。这些味道和气味也是苹果的特征之一。

再比如水，它是无色无味的，常温下是液态，这些都是水的性质特征。通过这些性质特征，我们可以更好地了解和识别事物。

2.关注事物的结构

有些事物还需要我们关注其内部结构,以此来描述特征。比如我们切开苹果,会看到里面有籽,有白色的果肉,果肉的纹理是什么样的,等等。这些都是苹果的内部结构特征。

对于树木,我们可以发现它的横截面,有一圈一圈的年轮,这也是树木的一个重要特征。通过关注事物的内部结构,我们可以更深入地了解它的特征和性质。

6.7.2 特征的不变性

有些特征一般情况下不会改变,就像事物的“身份证”一样稳定。比如苹果的颜色、形状、基本的味道等特征,在大多数情况下都是不会变的。即使它放了几天有点蔫了,我们还是能看出它是个苹果。

这种不变性对我们认识事物很重要,它让我们在不同的环境和条件下,都能凭借这些稳定的特征来识别出这是苹果而不是其他东西。在计算机视觉中,这种不变性也是非常重要的,它可以帮助我们更准确地识别和分类物体。

6.7.3 特征的旋转不变性

一、含义

想象一下你有一张画着一只可爱小猫的图片。通常情况下,我们看到的小猫可能是正对着我们,四脚着地站着的样子。但是,如果我们把这张图片旋转一下,我们人类还是很容易就能看出来这还是那只小猫，不会因为它的方向变了就不认识它。

计算机也能做到这一点吗？答案是肯定的。计算机在提取图像特征时，会采用一些特殊的方法，让提取出来的特征不那么容易受旋转的影响。比如，它可能不会只关注小猫身体某个部位在图片中的绝对位置，而是会去看一些相对的关系，像耳朵和脑袋的相对位置、尾巴和身体的角度等。这些相对的信息在图片旋转之后往往不会发生太大的变化，所以计算机根据这些相对稳定的特征，就能够判断出旋转后的图片和原来的图片中都是同一只小猫。

这种旋转不变性在很多地方都很有用。比如在自动驾驶中，路边的交通标志可能会因为车辆的行驶角度不同而在摄像头里呈现出不同的角度。但是，车辆上的图像识别系统通过利用图像特征的旋转不变性，就能够不管标志怎么旋转，都能准确地识别出它是限速标志还是转弯标志等，从而让车辆做出正确的反应。

二、示例

我们依旧看看示例。（图6-4）

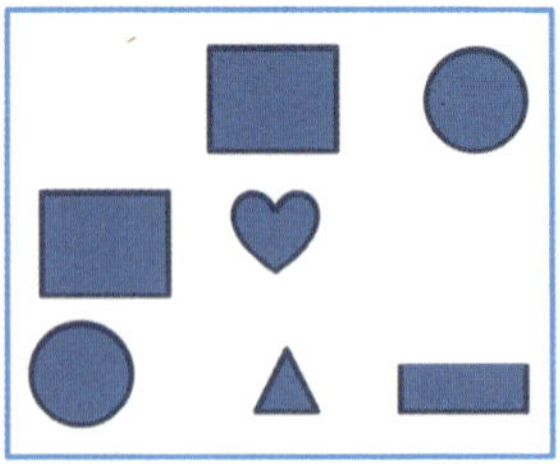

（1）A看到的图

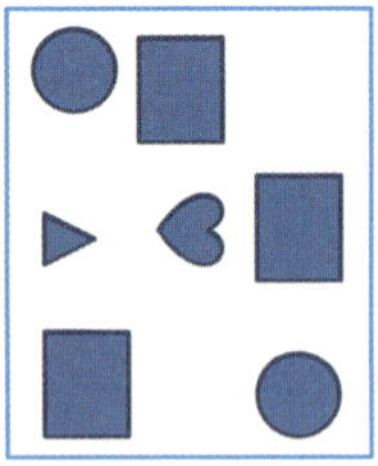

（2）B看到的图

图6-4 辨识图片

于是我们再看对话2会怎样。

对话2：

A：我的一个特征左下和右上是圆形，正中间是心形，中间下面是三角形。

B：我有一个特征左上是圆形，左边中间是三角形，正中是心形，右下是圆形。

于是A和B就认为他们看到的并不是同一张图片。但事实上他们看的确实是同一张图片。于是我们就说这种特征不具有旋转不变性。

那么如何实现旋转不变性呢，再看A、B双方如何辨识下面的两张图（图6-5）。

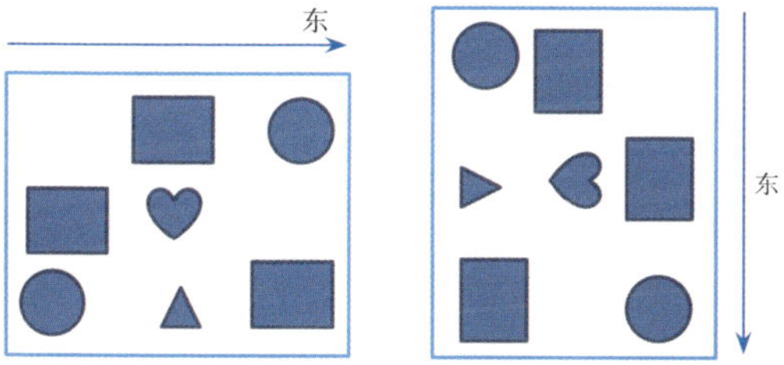

（1）A看到的图　　（2）B看到的图

图6-5 旋转不变性示例

对话2：

A：我的图片上有一个特征东北方是圆形，南方是三角形，西南方是圆形，正中间是心形。

B：我的图片上也有一个特征东北方是圆形，南方是三角形，西南方是圆形，正中间是心形。

这时候两个特征的描述就一致了，即拥有了旋转不变性。所以只要对图片定义方向，然后在同一个方向上进行特征描述就可以实现旋转不变性。

6.7.4 特征的尺度不变性

一、含义

尺度不变性也是一个非常重要的特征性质。就像当我们用放大镜去看苹果时，苹果看起来变得很大很大，能看到它表皮上有很多细微的纹路。但是，尽管它看起来变大了很多，我们还是知道它是苹果。同样地，如果我们从很远的地方看苹果，它看起来变得很小很小，但我们还是能根据它的大致形状和颜色等特征判断出那是个苹果。

这就是特征的尺度不变性。不管我们是把物体放大看还是缩小看，它的一些关键特征还是能保持不变。这种不变性在很多科学和技术领域都非常重要，比如计算机识别图像、地质学家研究岩石等。了解如何描述特征以及特征的不变性和尺度不变性都非常重要，它们能帮助人们更准确地认识和区分各种事物。

二、示例

如图6-6所示。

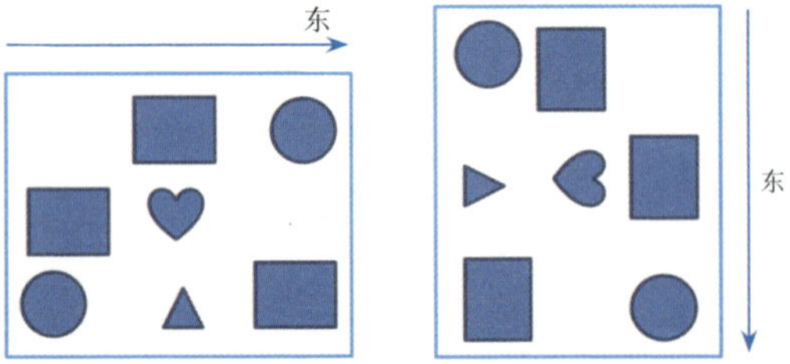

(1)A看到的图　　(2)B看到的图

图6-6 尺度不变性示例

对话：

A：我的图片上有一个特征是东方5个像素的位置有个圆形。

B：我的图片上有一个特征是东方7个像素的位置有个圆形。

这就是尺度变化造成的特征不匹配，为了实现尺度不变性，就需要给特征加上尺度因子，比如说A看到的是尺度为5的，B看到的是尺度为7的，那么在进行描述的时候，将尺度统一就可以实现尺度不变性了。

6.7.5 小结

旋转不变性，这位魔法师擅长让图像"站稳脚跟"。无论图像如何旋转，它都能施展魔法，让图像在调整后"站正"，就像是一个调皮的孩子被扶正了一样。这样，无论图像是正面、侧面还是倒立，计算机都能识别出它的"真面目"。

而尺度不变性，则是另一位技艺高超的魔法师。它能让图像在大小变化中保持"本色"。无论图像是被放大还是缩小，尺度不变性都能确保图像在调整后保持原有的特征和结构。

这两位魔法师不仅擅长各自的魔法，还能携手合作，共同应对更加复杂的图像变化。比如，当图像同时发生旋转和尺度变化时，它们就能同时施展魔法，让图像在调整后同时满足旋转和尺度不变性的要求。

在图像识别中，特征匹配就像是一场"寻宝游戏"。而旋转不变性和尺度不变性就像是这场游戏的"指南针"和"地图"，它们帮助我们找到图像中的"宝藏"——那些显著的特征点。

特征点，就像是图像中的"地标"，它们具有独特的形状、颜色或纹理等特征，能够代表图像的主要内容和结构。找到这些特征点后，我们就可以开始描述它们了。这就像是给每个特征点制作一个“身份证”，记录下它们的位置、形状、颜色等信息。

描述完特征点后，我们就可以开始比较它们了。这就像是在比较两个人的“身份证”是否相似一样。如果两个特征点的“身份证”在关键信息上非常接近，那么它们很可能就是同一个特征点，这也意味着两张图像很可能是相似的。

当然啦，要想在这场“寻宝游戏”中获胜，我们还需要一些“工具”来帮助我们。这些工具就是各种特征检测方法。它们就像是我们的“探测仪”，能够帮助我们快速准确地找到图像中的特征点。

6.8 特征检测

6.8.1 了解特征检测

一、什么是特征检测

在图像的世界里，特征检测就像是一场寻找“独特密码”的冒险。这些“密码”是图像中那些能够代表其重要信息的部分，它们就像是数据的“指纹”，帮助我们更好地理解和识别图像。

想象一下，你正在欣赏一幅美丽的风景画。在这幅画中，山峰的尖顶、河流的弯曲处、大树的树干等，都是这幅画的“特征”。这些特征不仅让画面更加生动，还能帮助我们更好地描述和识别这幅画。同样地，在图像处理的世界里，特征检测就是要找出这些能够代表图像重要信息的独特部分。

二、常见的特征检测方法

常见的特征检测方法有很多种，它们就像是不同种类的“侦探”，各自擅长寻找不同类型的“线索”。

1. 基于边缘的检测方法

就像是在黑白简笔画中寻找线条，这种方法专门寻找图像中颜色或亮度变化明显的地方,这些地方往往就是物体的边缘。通过检测这些边缘,我们就能大致了解图像中有什么物体。

2.基于角点的检测方法

角点是图像中那些看起来像“拐角”的地方,它们就像是图像中的“关键点”。通过检测这些角点,我们可以更准确地确定物体的位置和方向。

3.基于特征点的检测方法

特征点不仅仅是角点,还包括一些具有独特性质的点,比如亮度特别高或特别低的点,或者纹理变化丰富的点。这些特征点就像是图像中的“明星”,它们具有一些很好的性质,如尺度不变性和旋转不变性,能够帮助我们在图像变化时仍然能准确地识别出它们。

4.基于深度学习的检测方法

这种方法就像是让计算机自己去学习图像中的特征。通过大量的图像数据训练,计算机能够自己发现图像中那些有用的特征,并进行准确地检测。

这些特征检测方法就像是给图像穿上了一层“隐形的外衣”,让我们能够透过这层外衣,看到图像的本质和内在信息。它们在安防监控、医疗影像、自动驾驶等领域都有广泛的应用,为我们的生活带来了很多便利和安全。

6.8.2 基于角点的检测方法

在计算机视觉这片神秘而广阔的领域中,基于角点的特征检测方法如同一位经验老到的侦探,它能够从杂乱无章的图像数据中,精准地识别出那些至关重要的“角点”信息，为图像分析、识别及处理等后续工作奠定坚实的基础。下面我们重点介绍基于角点的检测方法，使读者对特征检测有一个更加深入直观的印象。

一、角点的定义与重要性

角点，简而言之，就是图像中那些形如“拐角”的部位。以建筑外观照片为例，建筑物的墙角、窗户的边角等，都是典型的角点。它们不仅是图像中的几何特征，更是承载着丰富信息的关键元素。在图像匹配任务中，角点如同“地标”，帮助我们找到两张相似图像之间的对应关系，实现精准匹配。在目标跟踪领域，角点则像是目标物体上的“标记点”，能够实时追踪目标物体的运动轨迹。此外，在图像拼接、三维重建等复杂图像处理任务中，角点更是不可或缺的关键“节点”，它们连接着不同的图像片段，构建起三维模型的基础框架。（图6-7，图6-8）

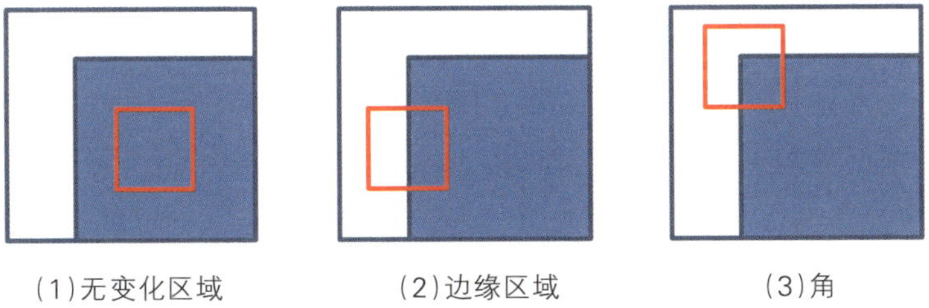

图6-7 角点示意图

图6-8 角点类型示意

在图像匹配的奇妙世界里，我们时常会遇到这样的场景：手中握着两张从不同角度拍摄的同一建筑物照片，它们看似相似却又有所不同。这时，角点检测就像是一位细心的侦探，它能在这些照片中精准地找出那些关键的“拐角”特征。这些角点，就像是照片中的“指纹”，它们在不同的照片中能够一一对应起来。

当我们准确检测出这些角点后，就像是找到了一把开启图像间秘密通道的钥匙。通过对比两张照片中的对应角点，我们可以推算出它们之间的变换关系，就像是解开了图像间的“密码”，实现了两张照片的精准匹配。这种技术，在图像识别、图像比对等领域中发挥着至关重要的作用。

而在目标跟踪的舞台上，角点又化身为稳定的“追踪器”。它们像是被贴在运动物体上的标签，无论物体如何移动，这些角点都能实时地反映出物体的运动轨迹。就像是给物体穿上了一件带有特殊标记的“外套”，让我们能够轻松地追踪到它的每一个动作。

此外，在图像拼接和三维重建这些复杂的图像处理任务中，角点同样扮演着不可或缺的角色。它们就像是连接不同图像片段的“桥梁”，也是构建三维模型的“基石”。通过角点，我们可以将多张图片无缝地拼接在一起，形成完整的画面；同时，我们还能利用角点信息，构建出精确的三维模型，让虚拟世界更加真实、立体。

角点检测，这一看似简单的技术，却在图像处理的各个领域中发挥着巨大的作用。它就像是一位默默无闻的英雄，默默地守护着图像世界的秩序与和谐。

二、常见的基于角点的特征检测算法

(一)Harris 角点检测算法

1.基本原理

Harris 角点检测算法,就像是一位手持“探测仪”的侦探,在图像这片“未知领域”中细细搜寻。这个“探测仪”其实是一个小窗口,当它在图像上滑动时,会密切关注窗口内图像的灰度变化。

当这个小窗口在图像上移动时,如果窗口内的图像灰度在多个方向上都有显著变化,那么这个位置就极有可能是角点。从数学角度来看,Harris 算法通过计算图像的一阶偏导数来衡量灰度的变化,并构建一个自相关矩阵来捕捉这种变化。这个矩阵就像是一个“信息库”,存储着窗口在不同方向上移动时灰度变化的信息。

2.检测流程

Harris 角点检测算法的检测流程可以分为以下几步。

第一步,梯度计算:首先,利用 Sobel 算子或其他梯度算子计算图像在水平和垂直方向的梯度。这就像是给图像做一次“体检”,摸清图像各处的灰度变化趋势。

第二步,构建自相关矩阵:基于梯度值,构建一个自相关矩阵。这个矩阵的元素由梯度值按一定数学公式组合而成,它直观地反映了图像在该点附近的灰度变化情况。

第三步,计算角点响应函数:接下来,对自相关矩阵进行特征值分解,得到两个特征值。这两个特征值就像是评判一个点是否为角点的“标准”。通过这两个特征值,构造出一个角点响应函数,这个函数的值就像是一个“评分”,用来衡量一个点成为角点的可能性。

第四步，确定角点：最后，设定一个阈值，将角点响应函数值高于阈值的点标记为角点。这些被筛选出来的点，就是图像中灰度变化在多个方向上都很突出的关键位置，也就是我们要找的角点。

不过，值得注意的是，Harris算法有时会因为噪声干扰或阈值设置不当而误判一些角点。因此，在实际应用中，我们还需要结合其他方法或算法来进一步优化检测结果。

通过Harris角点检测算法，我们就像拥有了一双“慧眼”，能够准确地从图像中识别出角点这一关键特征，为后续的图像分析、识别及处理工作提供有力支持。（图6-9）

图6-9 Harris角点检测示意

（二）Shi-Tomasi角点检测算法

1. 与Harris算法的关系及改进之处

在角点检测的侦探世界里，Shi-Tomasi算法就像是Harris算法的“升级版”，它们有着相似的侦探思路，但在关键证据的判断上更加精准。Harris算法在寻找角点时，有点像是在观察一个窗口在不同方向上移动时，窗口内景色变化的剧烈程度。而Shi-Tomasi算法则更进一步，它发现Harris算法在判断角点时，有时会把一些不太可靠的“嫌疑人”也当作角点。于是，Shi-Tomasi算法优化了判断标准，它更加聚焦于那些在两个方向上都有显著灰度变化的点，就像是寻找那些真正的“拐角”高手。

2. 检测流程

在检测流程上，Shi-Tomasi算法与Harris算法大同小异。首先，它们都会用Sobel算子等工具，给图像做一次“全身扫描”，摸清图像各处的梯度信息。接着，构建一个自相关矩阵，就像是给每个点建立一个“身份信息库”，记录着该点附近的灰度变化情况。但在判断角点的关键环节上，Shi-Tomasi算法更加严格，它只关注自相关矩阵的两个特征值中的较小值，如果这个值大于一个设定的阈值，才判定该点为角点。这样一来，检测出的角点往往更加准确，减少了误判的情况。

（三）SUSAN角点检测算法

1. 独特的原理

SUSAN角点检测算法则像是一位别具一格的艺术家，它用一种全新的方式来寻找角点。它引入了一个圆形的“模板”，就像是一个小巧的圆形印章，逐一盖在图像的每个点上。当这个“印章”盖在某个点上时，它会仔细观察印章内每个像素的灰度和印章中心像素灰度的差异。如果差异很小，就说明这个像素和中心像素是“好朋友”，它们之间的灰度很相似。

2. 检测流程

在检测流程上，SUSAN算法会先在图像的每个点上盖上这个

“圆形印章”，然后进行“友谊普查”。它会统计每个印章内与中心像素“友好”的像素数量，这个数量被称为USAN值。如果USAN值很小，就说明在这个印章范围内，大部分像素和中心像素的灰度差异很大，这个点可能就是角点。因为角点周围由于处于物体的转折处，灰度变化较大，导致与中心像素“友好”的像素较少。最后，SUSAN算法会根据USAN值的大小来判断一个点是否为角点，并进行非极大值抑制操作，让检测出的角点更加准确、稀疏。

（四）SIFT角点检测算法

1.强大特性与原理基础

SIFT角点检测算法在计算机视觉领域就像是一颗“璀璨明珠”，它具有许多令人惊叹的特性。无论图像经历了放大缩小、旋转一定角度，还是光照条件发生了剧烈变化，SIFT都能像一位坚守初心的卫士，牢牢锁定那些稳定的、具有代表性的角点特征。它的核心原理是构建尺度空间，就像是将图像放置在一个由不同尺度组成的“魔法世界”中，从宏观到微观全方位地审视图像。

2.检测流程

在检测流程上，SIFT算法首先会运用高斯函数对图像进行不同程度的模糊处理，得到一系列不同尺度的图像。这就像是你拿着一个放大镜，从低倍数逐渐调到高倍数观察图像，图像的细节呈现程度会不断变化。通过高斯函数的模糊作用，模拟了这种从不同距离观察图像的效果。接着，SIFT算法会结合高斯差分金字塔、极值点检测等精妙手段，挖掘出图像中深藏的角点宝藏。这些角点特征就像是指纹一样独特且稳定，为后续的图像匹配、目标识别等任务提供了有力的支持（图6-10）。

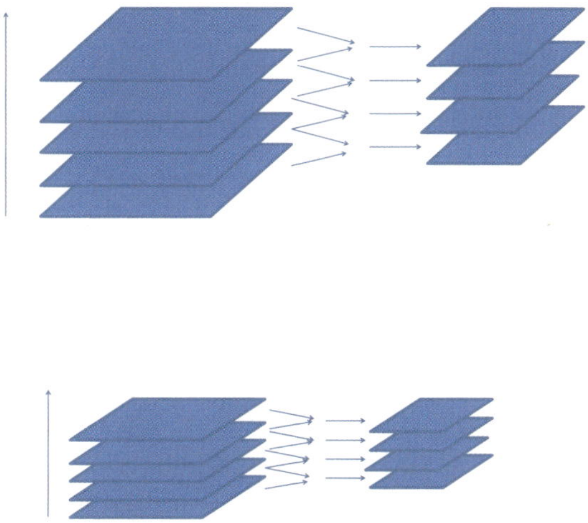

图6-10 图像尺度空间构建示意图

当我们已经通过高斯函数对图像进行了不同程度的模糊处理，得到了尺度空间的图像序列后，接下来的任务就像是寻找这些图像中的“变化之星”。高斯差分金字塔的构建，就像是给每一对相邻尺度的图像做了一次“差异体检”。通过相减操作，那些在不同模糊程度下变化特别明显的地方就凸显出来了，这些地方往往就是角点特征的藏身之所。就像是夜空中最亮的星，它们在不同的尺度下闪烁着独特的光芒（图6-11）。

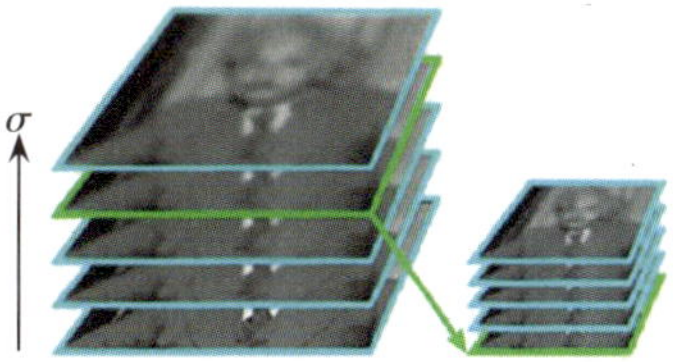

图6-11 高斯差分金字塔构建示意图

在高斯差分金字塔中，每一个点都像是一个潜在的“角点候选人”。为了找出真正的角点，我们需要进行极值点检测。这就像是在一场人才选拔中，每个“候选人”都要和它周围的26个“邻居”进行比较。只有那些在各个方向上都是最突出、最耀眼的“候选人”，才有可能被选中为真正的极值点，也就是图像中的角点。这些极值点就像是人群中的佼佼者，它们以自己的独特之处脱颖而出。(图6-12)

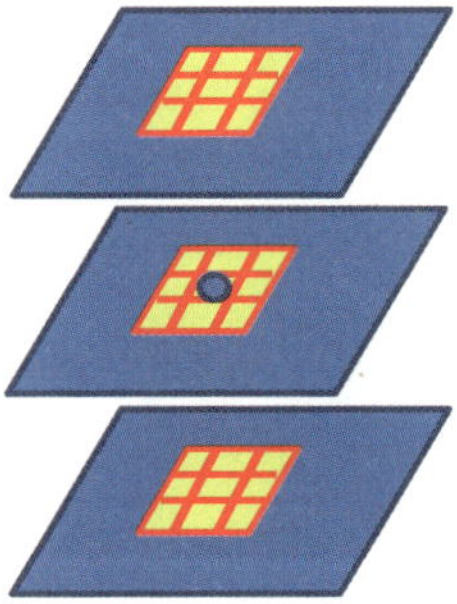

图6-12 极值点选取示意图

然而，找到极值点并不意味着任务就完成了。这些点还需要经过一次“精细打磨”，才能成为真正的角点。通过拟合二次函数，我们可以更准确地确定关键点的位置和尺度，同时去除那些不稳定的点，比如对比度较低或者位于边缘上的点。这一步就像是给找到的可能的角点进行一次“深度优化”，确保每一个留下的点都是高质量、有价值的。(图6-13)

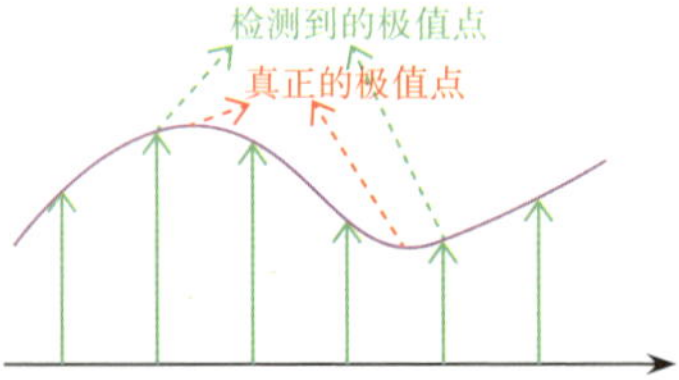

图6-13 关键点精确定位示意图

为了让SIFT算法具有旋转不变性，我们还需要为每个关键点分配一个方向。这就像是为每一个角点赋予了一个“指南针”，让它们无论怎么旋转都能保持自己的方向感。通过计算关键点周围邻域内的梯度方向直方图,我们可以找到每个关键点的主方向。这样,无论图像怎么旋转变化,关键点都能以它固定的方向来表示,确保了算法的稳定性和准确性。(图6-14)

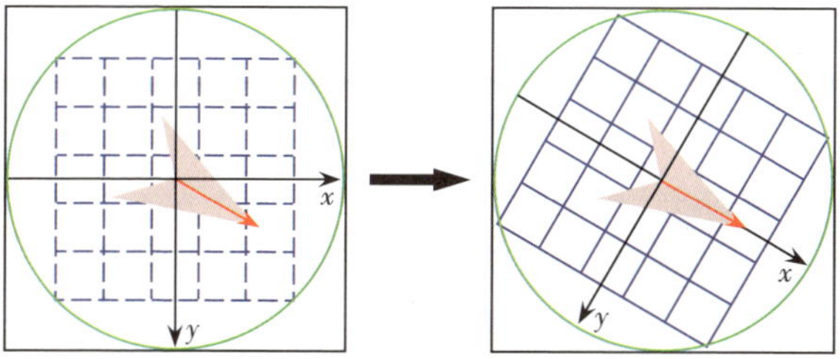

图6-14 旋转不变性示意图

最后,特征描述子的生成就像是给每个关键点制作了一张"身份证"。以关键点为中心,取一个一定大小的邻域,将这个邻域分成若干个小区域,计算每个小区域内的梯度方向直方图,然后把这些直方图信息组合起来就形成了一个描述这个关键点特征的工程——SIFT特征描述子。它包含了关键点周围的图像特征信息,就像是每个关键点的"指纹"一样独特且不可复制。通过比较不同图像中关键点的"身份证",我们就能知道它们是不是同一个特征点,从而实现了图像的精准匹配与识别。(图6-15,图6-16,图6-17)

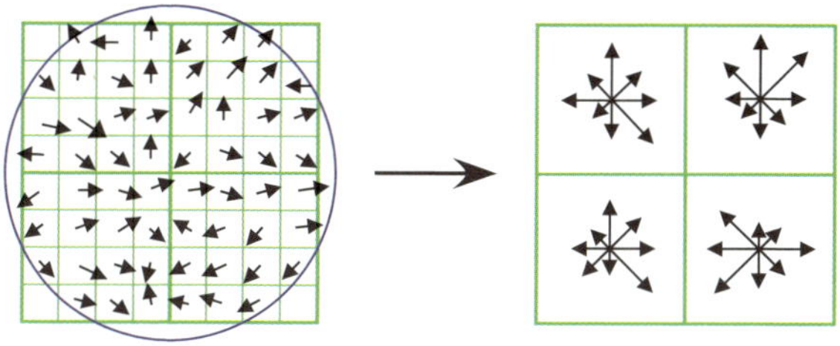

图6-15 图像特征点加权效果示意图

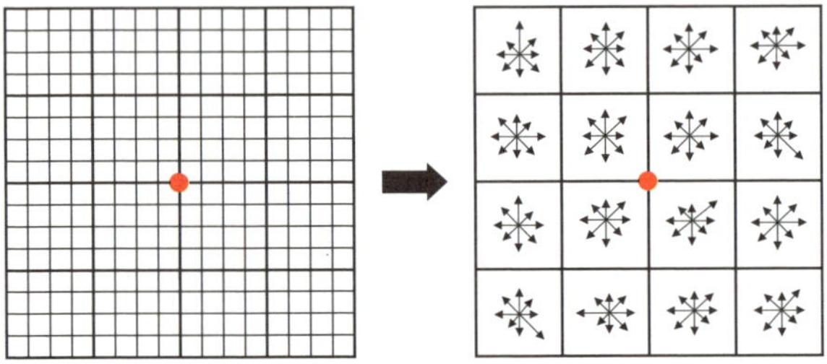

图6-16 特征描述算子生成示意图

图6-17 SIFT特征点提取与匹配示意图

SIFT算法及其各种变种和改进算法，就像是计算机视觉领域中的一把把“利剑”，帮助我们在数字化的图像世界中自由驰骋、挖掘无尽的信息宝藏。它们让计算机能够更好地理解和分析图像内容，为我们打开了通往图像识别与分析新世界的大门。

计算机视觉

第七章 计算机视觉的应用

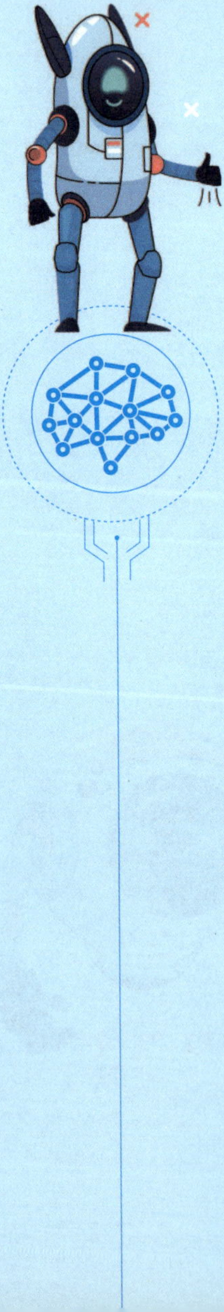

计算机视觉，这一人工智能领域的璀璨明珠，如同为机器装上了“慧眼”，让它们能够观察和理解这个纷繁复杂的世界。从自动驾驶的汽车到医疗影像诊断，从人脸识别技术到工业质量检测，计算机视觉的应用无处不在，它正悄然改变着我们的生活方式，为各行各业带来前所未有的变革。

7.1 人脸识别

人脸识别技术，作为计算机视觉的一个重要应用，已经深深融入我们的日常生活中。从手机解锁、门禁系统到安防监控，人脸识别技术无处不在，为我们带来了前所未有的便捷与安全。这一技术的背后，是计算机视觉领域多年的辛勤探索和突破。从最初的几何特征方法，到后来的特征匹配和模板匹配技术，再到如今的深度学习技术，人脸识别技术经历了从萌芽到成熟的全过程。如今，它不仅能够快速准确地识别出人脸，还能在复杂环境下保持高识别率，成为安防、支付、考勤等领域的得力助手。

7.1.1 人脸识别的发展历史

一、萌芽探索期：理论奠基与初步尝试（20世纪60—80年代）

人脸识别技术的起源可以追溯到20世纪60年代。当时，传统的个人身份验证手段如口令、证件、IC卡等，因易被伪造和盗用，已难以满足社会对安全的需求。生物特征识别技术应运而生，而人脸识别凭借其普遍性、可采集性与被采集者的接受度较高的优势，迅速成为研究热点。

1964年，美国数学家伍迪·布莱索等人率先开启了计算机识别人脸的尝试。然而，由于当时计算机的性能有限，以及对人脸特征理解的不足，这一尝试并未取得成功。随后，研究人员转变思路，选择手动测量人脸上的特征数值，如眼睛间距、鼻子长度等，并将这些数值输入计算机进行比对。这种方法虽然在一定程度上提高了识别准确性，但效率极低，实用性大打折扣。

在20世纪60至80年代，人脸识别技术主要采用几何特征方法。研究人员通过手动测量和比较眼睛、鼻子和嘴等面部器官的相对位置、形状和大小等几何特征，试图以此来识别人脸。然而，这种方法面临诸多挑战。人脸表情变化、姿态差异以及光照条件的改变，都会对特征提取和匹配造成干扰，导致识别准确率较低。尽管如此，这些早期探索为后续人脸识别技术的发展奠定了理论基础。

二、发展推进期：技术革新与应用拓展（20世纪90年代—21世纪初）

20世纪90年代，随着计算机硬件性能的大幅提升和图像处理技术的显著进步，人脸识别技术迎来了新的发展契机。这一时期，特征匹配和模板匹配技术逐渐兴起，其中特征脸方法具有里程碑意义。它利用主成分分析对人脸图像进行编码和识别，首次将统计方法引入人脸识别领域。通过比较投影系数来判断人脸的相似度，特征脸方法能够更好地处理人脸表情和姿态的微小变化，在一定程度上提高了识别准确率。

1993年，美国国防部高级研究项目署（DARPA）和美国陆军研究实验室（ARL）联合成立了Feret项目组，并建立了Feret人脸数据库。该数据库包含大量不同姿态、表情和光照条件下的人脸图像，为人脸识别算法的性能评价提供了统一标准。研究人员可以在该数据库上测试和比较不同算法的性能，促进了算法的不断优化和创新。

随着技术的不断成熟，人脸识别技术开始走出实验室，在一些领域得到初步应用。1993年，日本研制出人像识别机，能够在1秒内从3500人中识别出目标人物，展示了人脸识别技术在实际应用中的潜力。此后，美国的一些州开始采用面部识别技术来识别驾照上的人脸，有效防止了一人多证等问题，提高了交通管理的安全性和效率。

21世纪初，人脸识别技术在安防领域得到更广泛的应用。特别是在美国“9·11”事件后，全球对公共安全的关注度大幅提升。人脸识别技术作为一种高效的安防手段，受到各国政府和企业的高度重视。许多机场、火车站等公共场所开始安装人脸识别系统，用于身份验证和安全检查，有效提高了安检效率，增强了对犯罪分子的防范能力。同时,在门禁系统、考勤系统等领域,人脸识别技术也逐渐取代了传统的钥匙、密码和刷卡方式,为人们的生活和工作带来了更多便利。

三、突破飞跃期:深度学习引领变革(21世纪初至今)

在21世纪的曙光初照之时,人脸识别技术迎来了它的春天。这一切的变革,都要归功于一个叫做“深度学习”的神秘力量。在2010年前后,卷积神经网络(CNN),这个模仿我们生物视觉系统工作方式的神奇模型,悄然在人脸识别领域掀起了革命性的浪潮。

想象一下,如果我们的眼睛不仅仅能看到物体的形状和颜色,还能自动分析出物体的纹理、结构,甚至它的“身份”,那是多么神奇的事情!而卷积神经网络,就是这样一双“智慧之眼”。它不需要我们人为地去告诉它该看哪里、怎么看,而是能够从海量的图像数据中,自动学习到人脸的纹理、形状、轮廓等复杂特征。这就像是一个自学成才的画家,通过观察无数的面孔,渐渐地掌握了描绘人脸的精髓。

在深度学习技术的加持下,人脸识别变得前所未有的精准。它不再像过去那样,容易受到人脸姿态、表情、光照变化以及遮挡等因素的影响。现在,即便是一些细微的表情如微笑、皱眉,或者是在夜晚的微弱灯光下,人脸识别系统都能准确无误地认出你来。这种强大的特征学习能力和泛化能力,让深度学习在人脸识别领域大放异彩。

而提到深度学习,就不得不提一个关键的“加速器”——GPU(图形处理器)。在2012年前后,GPU被巧妙地应用到了深度学习领域,仿佛给深度学习插上了一双翅膀。GPU强大的并行计算能力,让提升深度神经网络的训练速度如虎添翼。原本需要数周甚至数月才能完成的训练任务,现在只需要几天甚至几小时就能搞定。这就像是一个原本需要慢慢熬制的美味佳肴,现在有了高压锅的帮忙,很快就能出锅享用。

与此同时,可供深度神经网络训练的“食材”——计算机视觉数据库,也变得越来越丰富和完善。其中,LFW 数据库就是一个典型的代表。它包含了大量来自互联网的不同场景下的人脸图像,就像是一个包罗万象的人脸大观园。这些丰富的数据资源,为人脸识别技术的快速发展提供了坚实的支撑。

在深度学习和GPU的双重助力下,人脸识别技术迎来了它的高光时刻。2014年3月,香港中文大学信息工程系主任汤晓鸥团队的一项重大研究成果震惊了全世界。他们基于原创的人脸识别算法,在LFW 数据库上的准确率竟然达到了98.52%,这意味着它的识别能力已经超越了人类肉眼(97.53%)。这一突破就像是一颗璀璨的明星,照亮了人脸识别技术的未来之路。

从此以后,人脸识别技术就像是一匹矫健的骏马,在各个领域肆意驰骋。在移动支付领域,它让我们告别了烦琐的密码和指纹验证,只需要刷一刷脸就能完成支付。这种便捷而安全的支付方式,让我们的生活变得更加轻松和自在。

在智能安防领域,人脸识别技术更是大展身手。它不仅能够实时监测和识别犯罪嫌疑人,还能通过分析人群的行为模式,提前预警潜在的安全风险。它就像是一个无形的安全网,时刻保护着我们的安全。

在教育领域,人脸识别技术也发挥着重要的作用。学校可以利用它进行学生考勤管理、考场身份验证等,大大提高了教育管理的效率和公正性。

在零售领域，商家也可以通过人脸识别技术实现了个性化营销。他们可以根据顾客的年龄、性别、表情等特征，为其推荐合适的商品和服务。这种贴心的服务，让顾客的购物体验得到了极大的提升。

随着人脸识别技术的广泛应用，研究人员也在不断探索新的技术和方法，以进一步提升它的性能和可靠性。其中，Faster R-CNN等先进的对象检测器就被应用到了人脸检测中。它们通过结合CNN cascade、区域提议网络（RPN）以及Faster R-CNN的联合训练，实现了端到端的优化。就像是一个精密的仪器，能够准确无误地捕捉到人脸的每一个细节。

此外，针对特定领域的优化技术也不断涌现。比如“跨年龄同亲缘人脸比对算法”，它就像是一个时光穿梭机，能够帮助我们在不同年龄阶段内找到失散已久的亲人。这项技术在刑事侦查、寻亲认亲等工作中发挥着重要的作用，为许多家庭带来了团圆的喜悦。

回顾人脸识别技术的发展历程，我们不禁感慨万千。从早期艰难的探索尝试，到逐步发展成熟，再到如今借助深度学习实现质的飞跃，每一个阶段都凝聚着科研人员的智慧和努力。他们就像是一群勇敢的探险家，在人脸识别这片未知的领域中披荆斩棘，不断前行。

在早期的人脸识别研究中，科研人员们面临着诸多挑战。由于当时的技术条件有限，他们只能依靠手工提取特征的方法来进行人脸识别。这种方法不仅烦琐而且效率低下，很难满足实际应用的需求。但是科研人员们并没有放弃，他们凭借着坚定的信念和不懈的努力，逐步攻克了一个又一个技术难题。

随着时间的推移，人脸识别技术逐渐走向成熟。科研人员们开始尝试使用机器学习算法来自动提取人脸特征。这种方法相比手工提取特征大大提高了识别的效率和准确性。但是,由于当时的数据资源有限,机器学习算法的性能仍然受到一定的限制。

直到深度学习的出现,人脸识别技术才迎来了真正的春天。深度学习模型能够从海量的数据中自动学习到复杂的特征表示,这使得人脸识别的准确率得到了极大的提升。同时,随着GPU等计算设备的普及和计算机视觉数据库的完善,深度学习模型的训练速度和性能也得到了极大的提升。

如今,人脸识别技术已经广泛应用于各个领域,为我们的生活带来了极大的便利和安全保障。但是,我们也不能忽视它可能带来的隐私保护和伦理道德问题。因此,在享受人脸识别技术带来的便利的同时,我们也应该加强监管和规范使用,确保技术的健康、可持续发展。

在人脸识别技术的发展过程中,有许多有趣的小故事值得我们回味。比如,在深度学习兴起之前,科研人员们曾经尝试过使用各种奇怪的特征来描述人脸。有的人用几何形状来表示人脸的轮廓和五官位置;有的人则用纹理特征来描述人脸的皮肤质地和颜色分布。这些特征虽然在一定程度上能够提高识别的准确性,但是它们往往过于复杂且难以解释。

而深度学习的出现,则让这一切变得简单而直观。深度学习模型能够自动从图像中提取出有用的特征表示,而无需我们人为地去设计和选择特征。这就像是一个聪明的孩子,他能够通过观察和学习来掌握新的知识和技能,而不需要我们去告诉他该学什么、该怎么学。

除了深度学习之外,还有许多其他的技术也在推动着人脸识别技术的发展。比如三维人脸识别技术，它利用三维扫描设备获取人脸的三维形状信息，并结合二维图像进行识别。这种方法能够更准确地捕捉到人脸的三维特征，从而提高识别的准确性和鲁棒性。

另外，还有基于红外成像的人脸识别技术。由于红外成像能够捕捉到人脸的热辐射信息，因此它能够在光照不足或者存在遮挡的情况下进行有效的识别。这种技术在安防监控和夜间识别等领域具有广阔的应用前景。

当然，人脸识别技术的发展也离不开大数据的支持。随着互联网的普及和社交媒体的发展，我们每天都会产生大量的图像数据。这些数据为人脸识别技术的训练和测试提供了丰富的资源。同时，随着计算机视觉技术的不断进步，我们也能够更加高效地处理和利用这些数据资源。

在未来，人脸识别技术有望在更多领域发挥更大的作用。比如，在医疗领域，它可以帮助医生进行远程会诊和病情监测；在交通领域，它可以帮助我们实现智能交通管理和无人驾驶等功能；在娱乐领域，它也可以为我们提供更加个性化的游戏和互动体验。

但是，随着人脸识别技术的广泛应用，我们也应该更加关注其可能带来的隐私保护和伦理道德问题。比如，在未经用户同意的情况下进行人脸识别可能会侵犯用户的隐私权。因此，在推广和应用人脸识别技术的过程中，我们应该加强监管和规范使用，确保技术的健康、可持续发展。

同时，我们也应该看到人脸识别技术存在的局限性。虽然它在大多数情况下都能够准确地识别出人脸信息，但是在一些特殊情况下仍然可能会出现误差。比如，在人脸姿态极端变化、表情夸张或者存在严重遮挡的情况下，人脸识别技术的准确性可能会受到影响。因此,在使用人脸识别技术时,我们也应该结合其他技术手段进行辅助验证,以确保识别的准确性和可靠性。

此外,人脸识别技术的发展也面临着一些技术上的挑战。比如,如何提高算法在复杂场景下的鲁棒性和泛化能力;如何降低算法的计算复杂度和提高运行效率;以及如何保护用户的隐私和数据安全等问题都需要科研人员们进行深入的研究和探索。

尽管如此,我们仍然对人脸识别技术的未来充满了期待。相信随着技术的不断进步和应用场景的不断拓展,人脸识别技术将会为我们带来更多惊喜和便利。同时,我们也应该保持理性和审慎的态度,正确看待人脸识别技术的优缺点和局限性,以更加科学、合理的方式将其应用于我们的生活和工作中。

7.1.2 人脸识别的主要步骤

一、人脸检测:从图像中"揪出"人脸

当我们向计算机展示一张充满各种元素的照片时,人脸检测就像是一位经验丰富的侦探,能够迅速而准确地从繁杂的图像中找出人脸的所在。这不仅仅是简单地定位人脸的位置,还需要精确地获取人脸的大小、形状等信息(图7-1)。

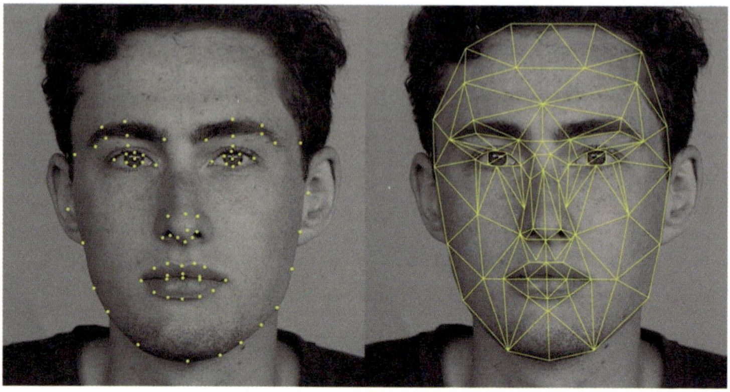

图 7-1 人脸识别示意图

早期的人脸检测方法较为简单,科学家们试图根据人脸五官的大致形状来进行识别。比如,他们认为眼睛是圆形的,鼻子是三角形的。然而,这种方法在实际应用中却遇到了很大的挑战。因为人脸受到光影变化、角度转换等多种因素的影响,这些形状特征往往会变得模糊不清,导致检测结果的准确性大打折扣。

随后,科学家们将目光投向了人脸的肤色特征。毕竟,人脸的肤色通常处于一定的范围之内。然而,这种方法也并非万无一失。在画面中,如果存在与人脸肤色相近的物体,比如橙色的墙壁,就可能引发误判,将墙壁误认为是人脸。

随着机器学习技术的兴起,人脸检测迎来了革命性的突破。以Haar特征结合Adaboost算法为例,这种方法通过计算图像中不同区域之间的明暗对比,来提取人脸的特征。Adaboost算法则将这些特征进行汇总和分析,从而判断图像中是否存在人脸。这种方法大大提高了人脸检测的准确性和效率。

而卷积神经网络(CNN)的出现,更是将人脸检测推向了一个新的高度。CNN就像是一位见多识广的专家,它通过学习海量的人脸图像,能够自动归纳出人脸的各种特征模式。无论是正面、侧面,还是戴着眼镜、帽子等部分遮挡的脸,CNN都能敏锐地捕捉并精准定位。这使得人脸检测技术在各种复杂场景下都能表现出色。

二、图像预处理:为精准识别“梳妆打扮”

在人脸被成功检测出来之后,接下来的步骤就是图像预处理。这一步的主要目的是对人脸图像进行优化处理,以便后续能够更好地进行识别。图像预处理需要解决光照不均、姿态不正、表情多变等一系列问题。

光照问题对于人脸识别来说是一个巨大的挑战。因为强光直射或阴影遮挡都会让人脸的特征变得模糊不清。为了解决这个问题,科学家们采用了直方图均衡化技术。这种技术能够调整图像的亮度分布,使暗处变得更亮一些,亮处变得更暗一些,从而让整个人脸图像的光线更加均匀。这样一来,五官等关键特征就能清晰可见了。

除了光照问题之外,姿态问题也不容忽视。因为侧脸和正脸在视觉上存在着很大的差异。为了解决这个问题,科学家们采用了仿射变换等方法。这些方法能够将倾斜、扭转的人脸尽量转正,让五官回到“标准位置”。就好像给歪着脑袋的人扶正一样,使得后续识别步骤能够更加方便和准确。

表情变化同样给人脸识别带来了不小的困难。当人笑或哭的时候,五官的形态就会发生很大的变化。为了应对这个问题,科学家们采用了一些平滑滤波技术。这些技术能够弱化表情带来的剧烈变化,提取出相对稳定的面部特征。这样一来,后续识别步骤就不会受到表情的干扰了。

三、特征提取：提炼人脸的专属“密码”

在图像预处理完成之后，接下来的步骤就是特征提取。这一步的主要目的是挖掘出人脸的独特之处，形成专属的“密码”。这样，在后续的人脸匹配与识别步骤中，就能够根据这些特征来判断两个人的身份是否一致了。

早期的人脸特征提取方法主要基于几何特征。科学家们通过测量眼睛间距、鼻子长宽等数据来构建简单的人脸特征模型。然而，这种方法存在着很大的局限性。因为当人脸稍微动一下或者表情发生变化时，这些数据就会发生很大的变化，导致识别准确率下降。

为了改进这一问题，科学家们采用了主成分分析（PCA）等基于统计的方法。PCA方法能够将人脸图像拆分成一个个小积木，并找出其中最关键、最有代表性的部分。这些部分能够组合起来表示人脸的主要特征，从而在一定程度上适应表情、姿态的小变化。这种方法大大提高了人脸识别的准确性和鲁棒性。

然而，真正让特征提取环节发生革命性变革的是深度学习技术。深度卷积神经网络能够从人脸像素出发，层层剖析并提取出人脸的各种特征。从边缘、线条等基础信息开始，到纹理、形状等复杂特征为止，最终形成一个高维向量。这个向量涵盖了人脸的各种细节信息，成为独一无二的身份标识。即使人脸发生了一些小变化，只要这些变化没有超出深度学习模型的训练范围，就能够精准地锁定身份。

四、人脸图像匹配与识别：找出“熟人”

在特征提取完成之后，接下来的步骤就是人脸图像匹配与识别了。这一步的主要目的是将提取出的人脸特征与数据库中的信息进行比对,从而判断两个人的身份是否一致。这是人脸识别的最后冲刺阶段,也是最为关键的一步。

早期的人脸匹配方法比较简单粗暴。科学家们通过计算两个特征向量之间的距离来判断它们是否相似。如果距离小于设定的阈值,就判定为同一个人。然而,这种方法存在着很大的漏洞。因为不同人的特征向量距离可能很近,容易导致误判的发生。同时,同一个人的特征向量在不同光照、姿态等条件下也可能发生很大的变化,导致漏判的发生。

为了改进这一问题,科学家们采用了更加精细的匹配算法。这些算法综合考虑了多个方面的因素,包括特征向量的距离、角度、方向等。同时,还结合了深度学习模型的强大学习能力,使得匹配结果更加准确和可靠。

除了算法上的改进之外,科学家们还尝试将多模态信息融合到人脸识别系统中。比如,结合声音、步态等信息来提高识别的准确性和鲁棒性。因为声音和步态等特征也具有很高的独特性,并且与人脸特征相互独立。这样一来,即使人脸特征受到了一些干扰或遮挡,也能够通过其他特征来进行识别和验证。

在实际应用中,人脸识别技术已经广泛应用于各个领域。比如,在机场安检中,人脸识别系统能够快速准确地识别出旅客的身份信息,大大提高了安检效率和安全性。在公司门禁系统中,人脸识别技术也能够为员工提供更加便捷和安全的出入方式。同时,在智能手机解锁、支付验证等场景中,人脸识别技术也得到了广泛的应用和认可。

然而,尽管人脸识别技术已经取得了很大的进展和突破,但仍然面临着一些挑战和问题。比如,在极端光照、姿态变化等复杂场景下,人脸识别的准确性和鲁棒性仍然有待提高。此外,隐私保护和数据安全等问题也是人脸识别技术需要关注和解决的重要方面。

为了解决这些问题和挑战,科学家们正在不断探索和创新。他们通过改进算法、优化模型、融合多模态信息等方式来提高人脸识别的准确性和鲁棒性。同时,也在加强隐私保护和数据安全,确保人脸识别技术的合法合规使用。

7.1.3 人脸识别的应用

人脸识别,这项听起来既高科技又略带神秘感的技术,如今已经悄然渗透到我们日常生活的方方面面。从搭乘公交、机场安检到刷脸支付,它以独特的便捷性和安全性,正逐步改变着我们的生活方式。下面,就让我们一同走进人脸识别的奇妙世界,看看它是如何在这些场景中大展身手的。

一、搭乘公交

1. 便捷出行新体验

你是否还记得,曾经乘坐公交车时,手忙脚乱地翻找公交卡或零钱的情景?有时,还会因为忘记带卡或零钱不足而陷入尴尬。而现在,这一切都已经成为了过去式。人脸识别技术的加入,让公交出行变得更加轻松自如(图7-2)。

当你走近公交车前门,一个小巧的摄像头和显示屏映入眼帘,它们就像是公交车的“眼睛”和“嘴巴”,静静地等待着你的到来。你只需站在摄像头前,稍作停留,让它有机会“打量”一下你的脸。几秒钟后，显示屏上便会跳出“识别成功”的字样，随后，你就可以大步流星地走上公交车，开始你的旅程了。

图7-2 公交车人脸识别示意图

2. 技术背后的原理

这一切的背后，其实隐藏着人脸识别技术的强大力量。公交车上的摄像头首先会进行人脸检测，迅速锁定你的脸部位置。接着，它会对你的脸部图像进行预处理，调整光线、角度等，以确保图像的质量。然后，系统会提取你脸部的特征信息，形成一个独特的“代码”。最后，这个“代码”会与公交系统数据库中你注册时的信息进行比对。如果匹配成功，系统就会确认你的身份，并自动完成扣费操作。整个过程就像是一场无声的“对话”，既快速又准确。

3. 对公共交通的意义

对于公交公司来说，人脸识别技术的应用不仅提升了乘客的出行体验，还带来了诸多好处。它能够帮助公交公司更准确地统计客流量，了解每天有多少人乘坐公交车，以及哪个时间段、哪个站点的人流量最大。这些信息对于公交公司的车辆调度和发车时间安排至关重要，有助于他们更好地满足乘客的出行需求，提升运营效率。

二、机场安检

1.快速通关的秘密武器

提到机场安检，相信很多人都有过排队等待的漫长经历。尤其是在节假日或旅游旺季，安检口前常常排起长龙，让人望而生畏。然而，人脸识别技术的出现，为机场安检带来了全新的变革（图7-3）。

图7-3 机场人脸识别系统示意图

2.保障安全的强大卫士

当你拖着行李走到安检通道前，只需将身份证放在读卡器上，同时面对摄像头，一场快速而高效的身份验证就开始了。系统会迅速将你的身份证照片与现场拍摄的脸部图像进行比对。如果两者匹配成功，安检人员就会对你进行进一步的检查，然后你就可以顺利通关，前往候机室休息或购物了。

3. 提升机场运营效率

机场的人脸识别系统之所以如此高效，离不开其强大的技术支撑。系统会从多个角度对你的脸部进行细致入微的观察，确保不放过任何一个细节。而且，它还具有极高的智能性，即使你换了发型、晒黑了或者稍微胖了一点，它也能准确地认出你。此外，机场的人脸识别系统还与公安系统的数据库相连，一旦发现可疑人员，系统会立即发出警报，确保机场和乘客的安全。

人脸识别技术的应用，不仅让机场安检变得更加快速和高效，还大大提高了安检的准确性。以前，人工检查身份证和登机牌时，可能会因为人多或工作人员疲劳等原因出现错误或速度变慢。而现在，有了人脸识别技术的加持，安检过程变得更加顺畅有序，大大减少了乘客的等待时间。

三、刷脸支付

1. 轻松购物新方式

在超市或便利店购物后，结账时你是否曾遇到过这样的尴尬：手机没电了、忘带钱包或者排队等待时间过长？而现在，这些问题都可以通过刷脸支付来解决。

在超市或便利店的收银台旁，你可能会看到一个带有大屏幕的支付设备。这就是刷脸支付的终端。你只需站在它面前，看着屏幕，设备就会迅速识别你的脸。然后，它会提示你输入手机号码的后几位或其他验证信息，以确认你的身份。一旦确认成功，系统就会从你的账户中扣除相应的金额，完成支付。整个过程无需掏手机、输密码或刷卡，非常方便快捷。(图7-4)

图7-4 刷脸支付示意图

2.安全保障有一套

你可能会担心，刷脸支付是否安全呢？毕竟，如果别人拿着你的照片去刷脸，岂不是很容易就能盗刷你的账户？其实，这种担心是多余的。刷脸支付的安全性非常高。首先，支付设备的摄像头会进行活体检测，确保站在它面前的是一个真正的人，而不是一张照片或假人。其次，在识别过程中，系统会提取你脸部大量的特征信息，这些特征信息组合起来是独一无二的，很难被模仿。此外，刷脸支付系统还具备其他多种安全措施，如短信提醒、支付金额限制等，确保你的资金安全。

刷脸支付的出现，不仅让我们的支付方式变得更加多样化和便捷化,还为商家和消费者带来了诸多好处。对于商家来说,刷脸支付可以提高收银速度,减少顾客排队等待的时间,提升顾客的购物体验。而对于消费者来说,出门什么也不用带就可以轻松购物了,再也不用担心手机没电或忘带钱包了。

7.1.4 人脸识别技术发展方向

人脸识别技术在未来有着广阔的发展前景。随着技术的不断进步和应用场景的不断拓展,它将为我们带来更加便捷、安全和智能的生活体验。

一、技术性能提升

1. 更高的识别准确率

人脸识别技术的准确率将越来越高。目前,在复杂环境下,如强光、弱光或人脸表情变化较大时,人脸识别技术仍存在一定的误识率。但未来,随着深度学习等技术的不断发展,算法和模型将持续优化。更先进的神经网络结构将被研发出来,以更好地处理光照变化、姿态变化、表情变化以及相似人脸的区分等问题。届时,无论是在强光下、弱光下,还是人做着各种搞怪表情,人脸识别系统都能准确识别。

2. 更快的识别速度

同时,人脸识别技术的识别速度也将越来越快。随着硬件性能的不断提升,如专门的人工智能芯片等,人脸识别的计算速度将大幅提高。算法也将朝着更高效的方向优化,使得在比对大规模人脸数据时,能在更短的时间内完成识别。这意味着,在机场安检等场景中,人们通过人脸识别通道时，系统将能瞬间完成识别，大大提高通行效率。

二、多模态融合

未来的人脸识别技术将不会单打独斗，而是会与其他生物识别技术相结合，形成多模态融合的身份验证方式。例如，在金融领域的重要操作中，不仅要进行人脸识别，还可能需要同时验证指纹或虹膜等生物特征信息。这样，多道“保险”一起上，身份验证将会变得更加准确和安全，不法分子想造假就将更加困难。

此外，人脸识别技术还将与其他感知技术相融合。例如，结合温度传感器、光线传感器等的信息来更好地处理复杂环境下的人脸识别。如果光线太暗，系统可以根据光线传感器的信息自动调整补光，让人脸图像更清晰，从而提高识别成功率。

三、隐私保护与安全强化

随着人脸识别技术的广泛应用，隐私保护和安全问题也日益受到关注。未来，人脸识别技术将在隐私保护和安全强化方面取得更大进展。

1.加密技术升级

一方面，将采用更高级的加密算法对人脸数据进行加密处理。在采集、存储、传输和使用人脸数据的全过程中，都将采用加密技术来保护数据的安全性。即使数据被窃取，没有正确的密钥也无法破解和利用。

2.匿名化与去标识化

另一方面，将更多地采用匿名化和去标识化技术来处理人脸数据。在进行数据分析时，只使用经过处理的、无法识别个人特征的数据。这样既能发挥数据的价值，又能保护用户的隐私安全。

四、应用场景拓展

1.智能交通领域

人脸识别技术的应用场景将不断拓展和深化。在城市交通领域，人脸识别可以用于公交、地铁的无感支付乘车和驾驶员疲劳监测等。在自动驾驶领域，能够识别车内乘客的身份，并根据不同用户进行调整座椅、音乐等个性化的设置，提升出行体验。

2.医疗健康领域

在医疗健康领域，人脸识别技术可以用于患者身份识别，防止医疗差错。人脸识别技术，可以确保患者信息的准确调用和安全。未来甚至可能通过人脸识别技术来分析患者的面部特征，辅助诊断一些疾病。例如，通过面部的一些特征变化来判断是否有心血管疾病等潜在风险。

3.智能家居领域

在智能家居领域，人脸识别技术将与智能家居系统深度融合。当主人回家时，人脸识别技术可以解锁家门，并自动调节家里的灯光、空调等设备到主人习惯的状态。还能通过识别不同家庭成员的身份，提供个性化的服务。例如，为孩子定制专属的学习和娱乐环境等。

4.工业制造领域

在工业制造领域，人脸识别技术可以用于员工考勤和安全区域的准入控制等。它还能结合工业视觉系统对工人的操作姿势和动作进行识别和分析，以提高生产效率和质量，并保障生产安全。

五、智能化与用户体验优化

1.智能交互增强

未来的人脸识别系统将具备更强的智能交互能力。例如，在刷脸支付时，系统会语音提示用户识别是否成功以及支付金额等信息。此外，还能通过手势识别等方式让用户更便捷地与系统进行互动。

2.自适应与自学习

同时，人脸识别系统还将具备自适应和自学习能力。它能够根据用户的使用习惯和环境变化进行自适应调整。例如，在不同的光照环境下自动调整识别参数等。对于经常出现的新的人脸特征模式，系统能够自动学习和更新模型，从而变得越来越“聪明”。

人脸识别技术作为一项先进的技术，已经广泛应用于我们生活的各个领域。从搭乘公交、机场安检到刷脸支付等场景，它都以独特的便捷性和安全性为我们带来了全新的生活体验。未来，随着技术的不断进步和应用场景的不断拓展，人脸识别技术将在更多领域发挥重要作用，为我们的生活带来更加便捷、安全和智能的体验。

7.2 自动驾驶

在科技日新月异的今天，自动驾驶技术正悄然从科幻电影中的梦幻场景走进我们的现实生活，成为重塑未来出行方式的重要推手。在这场交通革命中，计算机视觉技术如同自动驾驶汽车的“火眼金睛”，发挥着至关重要的作用，它不仅为车辆提供了敏锐的“视觉”感知能力，还充当着智慧的“大脑”，指引着汽车安全、高效地穿梭于复杂多变的道路环境中（图7-5）。

图7-5 无人驾驶汽车示意图

7.2.1 计算机视觉:自动驾驶的“火眼金睛”

自动驾驶技术的核心在于构建一个集计算机视觉、机器学习、全球定位系统(GPS)和传感器技术于一体的智能驾驶系统。这套系统让汽车能够像人一样“看懂”道路,并根据复杂的交通状况自主做出决策,实现安全舒适的行驶。其中,计算机视觉就像是自动驾驶汽车的“眼睛”,它负责捕捉并分析由车载摄像头捕捉到的图像和视频信息,精准识别道路标志、车辆、行人、障碍物等关键元素,为车辆提供精确的环境感知,从而支持自动驾驶系统做出合理决策和精准控制。

坐在自动驾驶汽车里,你会发现车辆仿佛拥有了超乎寻常的洞察力。它能轻松识别前方的红绿灯,准确判断何时停车、何时前行;它能敏锐感知前方车辆的速度和位置,始终保持安全车距;它还能迅速分辨路边的行人,及时采取避让措施。这一切,都离不开计算机视觉技术的默默奉献。它就像一位不知疲倦的“超级驾驶员”,时刻注视着车外的情况,为车辆的安全行驶保驾护航。

如今,计算机视觉技术在自动驾驶领域已经取得了显著成果。众多汽车制造商和科技公司纷纷投入大量资源,致力于计算机视觉技术的研发,推动自动驾驶技术不断向前迈进。目前,市场上已经有部分车辆具备了如自适应巡航、车道居中保持等功能,这些功能的实现离不开计算机视觉技术对道路环境的精准感知。而在一些特定场景,如封闭园区、矿区等,L4级别的自动驾驶车辆也开始试点应用,它们依靠计算机视觉与其他传感器的融合,能够在特定条件下实现高度自动驾驶,展现出强大的应用潜力和广阔的市场前景。

7.2.2 计算机视觉助力自动驾驶的主要方式

计算机视觉技术在自动驾驶中的应用,主要体现在以下几个方面。

一、道路与车道线识别

自动驾驶汽车行驶的基础在于准确识别道路边界与车道线。计算机视觉算法通过分析摄像头捕捉的图像,能够精准识别出道路的边缘、车道线的颜色与形状特征。无论是笔直的高速公路,还是蜿蜒曲折的山间小路,计算机视觉都能帮助车辆精确定位车道,确保车辆在正确的车道内行驶,避免偏离车道引发危险。在光线充足的晴天,算法能轻松识别清晰的白色车道线;而在阴天或夜晚,通过对图像的增强处理和特征提取,也能准确找到车道位置,确保行驶安全。

二、交通标志与信号灯识别

交通标志和信号灯是道路上重要的行驶指令来源。计算机视觉技术能够快速识别各类交通标志,如限速标志、禁止通行标志、转弯标志等,以及红绿灯的颜色状态。它就像一个交通规则的“专家”,能够瞬间解读这些交通信息,并传达给车辆控制系统,让汽车做出相应的反应。例如,当识别到限速标志时,车辆会自动调整速度;当看到红灯亮起时,车辆会平稳停下,确保安全。

三、车辆与行人检测

及时检测周围的车辆和行人,对于自动驾驶汽车的安全至关重要。计算机视觉利用目标检测算法,在图像中寻找车辆和行人的特征模式。通过对车辆的外形、轮廓以及行人的身体姿态等特征的分析，精确判断它们的位置、运动方向和速度。这样，汽车就能提前做好应对准备，如在遇到前方车辆突然刹车时，及时减速；在检测到行人横穿马路时，安全避让，确保行车安全。

四、障碍物识别

道路上随时可能出现各种障碍物，如掉落的货物、倒下的树枝等。计算机视觉技术能够识别这些障碍物，并评估它们对车辆行驶的影响。通过对障碍物的形状、大小、材质等特征的分析，确定障碍物的位置和性质，帮助车辆规划合理的行驶路径，避开障碍物，确保行车安全。

7.2.3 计算机视觉在自动驾驶中的发展方向

随着科技的不断发展，计算机视觉在自动驾驶中的应用将呈现出更加广阔的前景和无限可能。

一、算法性能持续提升

未来，计算机视觉算法将朝着更高效、准确、可靠的方向发展。研究人员将不断优化现有算法，提高其对复杂场景、极端天气和特殊光照条件的适应能力。例如，开发更先进的神经网络结构，增强对模糊图像、低对比度图像的处理能力，使自动驾驶汽车在雨、雪、雾等恶劣天气下也能精准感知环境。同时，探索新的算法理论和技术，如结合强化学习、迁移学习等，让计算机视觉系统能够更快地学习新知识，更好地应对未知场景，进一步提升自动驾驶的安全性和可靠性。

二、多传感器融合更加紧密

为了弥补单一传感器的局限性，多传感器融合将成为自动驾驶发展的重要趋势。计算机视觉将与激光雷达、毫米波雷达、超声波雷达等传感器深度融合，共同构建出一个全方位、多层次的感知体系。激光雷达能够提供高精度的三维空间信息，毫米波雷达在检测运动目标和测量距离方面具有优势，而计算机视觉则擅长识别物体的类别和属性。通过融合多种传感器的数据，自动驾驶系统可以获取更全面、准确的环境信息，提高对复杂场景的感知能力，减少误判和漏判，确保行驶安全。

三、边缘计算与实时处理能力增强

自动驾驶汽车需要在极短的时间内对大量的视觉数据进行处理和分析，因此边缘计算和实时处理能力至关重要。未来，随着边缘计算技术的发展，计算设备将更加靠近数据采集端，即汽车本身。这将大大减轻数据传输的延迟，提高系统的响应速度。同时，硬件技术的创新，如专用人工智能芯片的研发和应用，将进一步提升计算机视觉算法的实时处理能力，使自动驾驶汽车能够在瞬间对各种突发情况做出快速反应，确保行驶安全。

四、数据安全与隐私保护加强

随着自动驾驶汽车收集和处理的数据量不断增加，数据安全和隐私保护问题日益凸显。未来，将加强数据加密技术的研究和应用，确保在数据采集、传输、存储和使用过程中的安全性。采用匿名化和去标识化技术，对敏感数据进行处理，防止个人信息泄露。同时，建立健全的数据安全管理体系，制定严格的数据使用规范和监管机制，保障用户的隐私权益，为自动驾驶技术的广泛应用营造安全可靠的环境。

五、与智能交通系统深度融合

计算机视觉技术不仅将助力单车智能的发展，还将与智能交通系统深度融合。通过车与车（V2V）、车与基础设施（V2I）之间的通信，自动驾驶汽车能够获取更广泛的交通信息，如交通拥堵状况、信号灯实时状态等。同时，车辆也可以将自身的行驶信息反馈给交通管理系统，实现交通流量的优化和智能调控。例如，当多辆自动驾驶汽车通过V2V通信共享行驶速度和位置信息时，它们可以自动调整车速和间距，形成高效的车队行驶模式，减少道路拥堵；交通管理系统根据车辆反馈的信息，动态调整信号灯时间，提高道路通行效率，让城市交通更加顺畅。

7.2.4 计算机视觉：开启未来无限可能

计算机视觉技术不仅改变了自动驾驶领域，还将在多个领域大放异彩，持续推动科技的进步和生活品质的提升。

一、安防监控领域的进阶

在未来的城市安防监控中，计算机视觉将发挥更加重要的作用。城市中的摄像头将如同拥有“超级大脑”，不仅能够实时精准地识别人员的面部特征，用于身份验证和追踪可疑人员，还能分析人的行为模式。在公共场所，一旦有人长时间徘徊、奔跑或者做出异常的聚集动作，系统便能迅速察觉并发出预警，有效预防犯罪行为的发生和应对突发事件。同时，结合大数据与云计算技术，不同区域的监控信息可以实时共享、联动分析，打造一张全方位、无死角的安全防护网，让城市更加安全、宜居。

二、智能交通革新出行体验

智能交通领域无疑是计算机视觉技术的重点发力方向之一。自动驾驶汽车依靠计算机视觉技术作为“眼睛”，能够更完美地应对复杂路况。除了精准识别车道线、交通标志、车辆和行人外，还能预判其他驾驶员的意图，提前做出安全的行驶决策。在未来的道路上，车与车之间、车与基础设施之间将实现互联互通，计算机视觉助力车辆实现编队行驶，就像大雁南飞一样整齐有序，极大提高道路的通行效率，减少拥堵现象的发生。此外，在公交、地铁等公共交通系统中，计算机视觉可以用来统计客流量，智能调度车辆，让大家的日常出行更加顺畅、快捷。

三、医疗健康领域的精准辅助

在医疗健康领域，计算机视觉技术也将带来重大变革。在疾病诊断环节，借助高分辨率的医学影像设备和先进的计算机视觉算法，医生能够更清晰地看到人体内部的细微病变。例如，在分析肺部CT影像时，系统可以快速标记出疑似结节的位置，还能根据过往大量病例数据，初步判断结节的性质，为医生提供精准的诊断建议，大大缩短诊断时间，提高早期疾病的发现率。在手术过程中，计算机视觉为医生提供实时的手术部位高清影像，辅助医生精准操作，降低手术风险，提高手术的成功率，为患者带来更多的治愈希望。

四、工业制造迈向智能化

在工业4.0时代，计算机视觉是推动工厂智能化转型的关键力量。在生产线上，高精度的摄像头配合智能算法，可以对产品进行全方位、无死角的质量检测。无论是电子产品的微小零部件，还是汽车零部件的外观、尺寸精度，任何细微的瑕疵都逃不过它的“法眼”。这确保了只有合格产品才能进入下一道工序，大幅提升了产品质量。此外，计算机视觉还能引导机器人进行复杂的装配任务，通过实时识别零部件的位置、形状和姿态，让机器人像经验丰富的工人一样精准操作，提高生产效率，降低人力成本，增强企业的竞争力。

五、教育领域创新教学模式

计算机视觉技术也将为教育领域注入新的活力。在智慧课堂中，借助摄像头和智能分析系统，教师可以实时了解每个学生的课堂表现，如注意力是否集中、是否积极参与互动等。这些数据不仅能够帮助教师及时调整教学策略，因材施教，让每个学生都能得到充分的关注和发展；还能自动生成个性化的学习报告。

六、娱乐产业打造沉浸式体验

在娱乐产业的广阔天地里，计算机视觉技术正编织着一场视觉盛宴。走进虚拟现实（VR）与增强现实（AR）的游戏世界，你仿佛穿越了时空，成为那个英勇的战士或奇幻的巫师。计算机视觉就像一位无形的魔法师，它捕捉你的每一个动作，让游戏角色与你如影随形，连最微妙的表情变化都能完美复刻，带来沉浸式的奇妙之旅。而在影视制作领域，计算机视觉更是大展身手。它不仅能够打造出令人震撼的特效场景，仿佛将观众带入另一个次元；还能对演员的表演进行精细的数字化雕琢，让每一个镜头都充满张力与美感。这样的技术，无疑让影视作品更加光彩夺目，满足了观众对视觉享受的不懈追求。

总之，计算机视觉未来的发展前景一片光明，它将渗透到生活的方方面面，持续提升我们的生活品质，让我们一同期待科技奇迹为人类创造更美好的未来。